职业教育信息技术类专业"十三五"规划教材

Photoshop CS6
数码照片处理案例教程

主　编　陈川川　黄　志

副主编　张梦菲　鲁嵩嵩

参　编　吴丽艳　张丹清　胡晓巍　彭蒙恩　陈　伟

U0316802

中国铁道出版社有限公司

CHINA RAILWAY PUBLISHING HOUSE CO., LTD.

内 容 简 介

高水准的摄影作品不仅需要摄影师具有高超的摄影技巧，还需要具备熟练使用后期处理软件的能力。本书主要针对照片在后期处理中常见的技巧进行案例式讲解。本书内容包括数码摄影基础知识、数码照片处理基本技法、数码照片的修补、数码人像照片的修饰与美容技术、数码照片色彩调整、数码照片特效制作以及数码照片的实际应用。

本书适合作为中等职业学校数字媒体技术应用、计算机应用类专业的教材，也可供数码照片处理的专业技术人员参考使用。

图书在版编目（CIP）数据

Photoshop CS6 数码照片处理案例教程 / 陈川川，黄志主编 . —北京：中国铁道出版社，2016.7（2021.5重印）
职业教育信息技术类专业"十三五"规划教材
ISBN 978-7-113-22035-8

Ⅰ . ①P… Ⅱ . ①陈… ②黄… Ⅲ . ①图象处理软件-中等专业学校-教材 Ⅳ . ① TP391.41

中国版本图书馆 CIP 数据核字（2016）第 157207 号

书　　名： Photoshop CS6 数码照片处理案例教程
作　　者： 陈川川　黄　志

策　　划： 邬郑希	**编辑部电话：**（010）83527746	
责任编辑： 邬郑希　田银香		
封面设计： 刘　颖		
封面制作： 白　雪		
责任校对： 王　杰		
责任印制： 樊启鹏		

出版发行： 中国铁道出版社有限公司（100054，北京市西城区右安门西街 8 号）
网　　址： http://www.tdpress.com/51eds/
印　　刷： 北京铭成印刷有限公司
版　　次： 2016 年 7 月第 1 版　　2021 年 5 月第 2 次印刷
开　　本： 787 mm×1 092 mm　1/16　**印张：** 11　**字数：** 249 千
书　　号： ISBN 978-7-113-22035-8
定　　价： 39.80 元

前　言

在数码摄影时代，能够拍摄照片已经变得轻而易举，不论是专业的单反照相机，还是入门的卡片机，还是手中的手机，都能够拍摄出高水准的摄影作品。但很多人拥有高端的数码照相机却拍不出好作品，第一个原因是缺乏对自己照相机的认识和摄影的技巧，第二个原因是没有使用后期处理软件对照片进行处理或者处理的水平有限。可见高水准的摄影作品既需要高超的摄影技巧，也需要熟练使用后期处理软件的能力。

摄影技巧的提高主要是在了解摄影设备的基础上，逐步提高拍摄者的想法和意图。摄影师在追求最新、最炫目的摄影器材的同时，更要明白对于拍摄的想法、构图、色彩、光线的运用才是决定摄影作品水平的根本要素。

照片后期处理实践项目复杂而多变，只有全面地了解照片的特性才能合理提出解决方案，同时还要能够熟练运用照片处理软件。不过精通照片后期处理软件，并不等于能够熟练地对照片进行处理。本书主要针对照片在后期处理中常见的一系列问题进行了分析与讲解。书中介绍的后期处理技法，结合了企业工作项目的具体需求，也是众多一线教师多年教育教学经验的积累和教学方法的总结。通过学习，读者可以举一反三，加强对数码照片的认识，建立自己的数码照片调整观，从而将照片的处理技法应用到实践中去。

本书内容共分7章：第1章主要介绍了摄影的基础知识，对照片的形成和影响照片的几个重大因素进行了细致的讲解，以提高读者在照片处理时对照片的认识。第2章主要介绍照片的基本调节方法，是后期照片处理的第一个阶段。第3章主要介绍对照片存在的一些瑕疵进行美化处理。第4章主要介绍对照片中人物的精细化处理，也称为对人物的美容。第5章主要介绍对照片颜色进行处理，不同的颜色渲染出不同的情感，让照片充满感情色彩。第6章主要是对照片的一些特效进行添加，给画面预设和添加一些情境。第7章主要是对于一些实用技法的综合运用，在工作中常见的一些项目会在此章节中做详尽的介绍。

本书的介绍过程和次序完全按照企业工作流程进行编写，第2章和第3章介绍照片处理流程中的粗修，在影楼中一般是一个人负责。

第4章和第5章介绍照片的精修，完成这四个流程后，照片的水准已经有了很大的提升。第6章和第7章主要介绍创设意境和版式设计，重在激发读者的创造力。

本书由陈川川、黄志任主编，张梦菲、鲁嵩嵩任副主编。第1章由陈川川、张梦菲编写，第2章由黄志编写，第3章和第6章由吴丽艳编写，第4章由张丹清编写，第5章由胡晓巍、彭蒙恩、陈伟编写，第7章由鲁嵩嵩编写。参与编写的作者都是具有扎实的专业知识和丰富的教学实践能力的一线教师。

本书所有素材资源均可在中国铁道出版社的天勤教学网（www.51eds.com）下载。

由于编者水平有限，书中难免存在疏漏和不妥之处，恳请读者不吝赐教。

编　者

2016年5月

目　录

第 7 章 千变万化，游刃有余——数码照片的综合 应用 143

第1章

未雨绸缪——数码摄影基础知识

1.1 认识数码照相机

数码照相机是一种利用电子传感器把光学影像转换成电子数据的照相机。按用途分为：单反照相机，卡片照相机，长焦照相机和家用照相机等，如图 1-1 所示。

图　1-1

1.1.1 数码照相机的结构

数码照相机是由镜头、CCD（感光器件）、A/D（模/数转换器）、MPU（微处理器）、内置存储器、LCD（液晶显示器）、PC 卡（可移动存储器）和接口（计算机接口、电视机接口）等部分组成，通常它们都安装在数码照相机的内部，当然也有一些数码照相机的液晶显示器与机身分离。

数码照相机中的工作原理如下：当按下快门时，镜头将光线会聚到感光器件 CCD（电荷耦合器件）上，CCD 是半导体器件，它代替了普通照相机中胶卷的位置，它的功能是把光信号转变为电信号。这样，就得到了对应于拍摄景物的电子图像，但是它还不能马上被送去计算机处理，还需要按照计算机的要求进行从模拟信号到数字信号的转换，ADC（模数转换器）器件用来执行转换工作。接下来 MPU（微处理器）对数字信号进行压缩并转化为特定的图像格式，例如 JPEG 格式。最后，图像文件被存储在内置存储器中。至此，数码照相机的主要工作已经完成，剩下要做的是通过 LCD（液晶显示器）查看拍摄到的照片。有一些数码照相机为扩大存储容量而使用可移动存储器（如 PC 卡）。此外，还提供了连接到计算机和电视机的接口。下面，来详细地介绍照相机的结构。

（1）镜头部分

镜头部分包括镜片组和镜筒以及镜头内部

的驱动马达等，还包括光圈系统。

数码照相机的镜头由多片镜片组成，材质分为玻璃与塑料两类。

照相机镜头的焦距是镜头的一个非常重要的指标。镜头焦距的长短决定了被摄物在成像介质（胶片或 CCD 等）上成像的大小，也就是相当于物和像的比例尺。当对同一距离远的同一个被摄目标拍摄时，镜头焦距长的所成的像大，镜头焦距短的所成的像小。根据用途的不同，照相机镜头的焦距相差非常大，有短到几毫米，十几毫米的，也有长达几米，较常见的有 8 mm，15 mm，24 mm，28 mm，35 mm，50 mm，85 mm，105 mm，135 mm，200 mm，400 mm，600 mm，1 200 mm 等，还有长达 2 500 mm 的超长焦望远镜头，如图 1-2 和图 1-3 所示。

图　1-2

图　1-3

（2）机身部分

机身部分主要是指机器框架，即机身是超薄的还是壮硕型的，还包括各种操作按钮。

照相机的机身相当于汽车的发动机，是照相机的灵魂部分，包含许多成像系统，也是

区分照相机性能差异的一个重要标准。单反照相机的级别划分一般为：低端入门级、中级、准专业级、专业级。例如，佳能 500D、尼康 D3000 是低端入门级机，佳能 50D、尼康 D90 是中级机，佳能 5D MARK II、尼康 D700 是准专业级机，佳能 1DS MARK3、尼康 D3X 是专业级机。

如果要投入摄影队伍，先要选定一部适合自己使用的数码单反机身，从入门到中阶的产品都是可以考虑的对象，如图 1-4 所示。

图　1-4

（3）传感器系统

传感器系统主要是指电荷耦合器件图像传感器（Charge Coupled Device，CCD），如图 1-5 和图 1-6 所示，它由一种高感光度的半导体材料制成，能把光线转变成电荷，通过模数转换器芯片转换成数字信号，数字信号经过压缩以后由照相机内部的闪速存储器或内置硬盘卡保存，因而可以轻而易举地把数据传输给计算机，并借助于计算机的处理手段，根据需要来修改图像。CCD 由许多感光单位组成，通常以百万像素为单位。当 CCD 表面受到光线照射时，每个感光单位会将电荷反映在组件上，所有的感光单位所产生的信号加在一起，就构成了一幅完整的画面。

CCD 和传统底片相比更接近于人眼对视觉的工作方式。只不过，人眼的视网膜是由负责光强度感应的干细胞和色彩感应的锥细胞分工合作组成视觉感应。CCD 经过三十多年的发展，大致的形状和运作方式都已经定型。CCD 主要是由类似马赛克的网格、聚光镜片及垫于

最底下的电子线路矩阵所组成。目前生产 CCD 的公司有：Sony、Philps、Kodak、Matsushita、Fuji 和 Sharp 等。

图　1-5

图　1-6

（4）取景器

取景器（View finder）是摄影者观察想要拍摄的景物的"窗口"，如图 1-7 所示。下面介绍 4 种数码照相机常用的取景器。

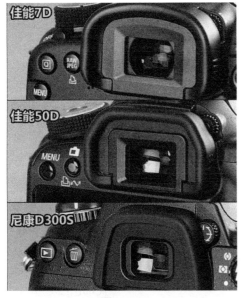

图　1-7

光学取景器：小型数码照相机上的光学取景器由一组简单的光学元件组成，这套元件与镜头的光学系统相连，让光学取景器中的影像与进入镜头的影像同步相连。这种取景器体积小巧，但最大的问题是有取景误差。取景器通常置于镜头上方，从光学取景器上看到的影像跟镜头投射在传感器上的影像是不同的，在短距离拍摄中，这种"视差"就更为明显了。一般的光学取景器只能让用户看到镜头实际覆盖范围的 80% ~ 90%。如果想准确取景，还是使用无视差的 LCD 比较好。戴眼镜的用户在使用光学取景器的时候最好看一下取景器旁是否有屈光度调节，如果有的话方便一些。

非专业数码照相机的 LCD 取景：小型数码照相机的 LCD 取景让用户能实时观察到想拍摄的影像，这个影像与镜头投射在 CCD 上的影像是相同的，不会有视差产生。这种取景方式又称 TTL（Through-The-Lens，通过镜头取景）。但使用 LCD 取景很耗电，而且在阳光猛烈的时候，很难看到 LCD 上的画面。另外，数码单反照相机上的 LCD 并不作取景用，它只能让用户拍摄后在 LCD 上观看照片和操作菜单，当然数码单反照相机有自己特有的取景方式，这将在下文介绍。

数码单反照相机上的光学取景器（TTL）：同样是使用光学取景器的数码单反照相机是没有取景视差的，因为它的光学取景器比小型数码照相机的精密，而且它的原理是把一块反光镜和菱镜连到传感器上，镜头投射到传感器上的影像就是 TTL 上看到的影像。当摄影者按下快门的时候，反光镜便会弹起，光线通过镜头进入传感器，传感器开始曝光。由于传感器的限制，多数数码单反照相机的 LCD 只能用来观看照片回放而不能用于取景拍摄。在数码单反照相机光学取景器的旁边通常还会有一块小小的 LCD，用于显示照相机的各项设定及状态，如光圈快门、曝光补偿、白平衡等。

小型数码照相机上的 EVF 电子取景：电子取景其实是把 LCD 上的画面传送到数码照相机的电子取景器上，因此从 EVF 看到的影像和镜头投射到 CCD 上的影像是相同的，而且与 LCD 上的影像同步。EVF 从根本上来说就是镜头上方一块很小的 LCD，它让用户能更精确地取景，特别是在强光下也不用担心取景困难。EVF 吸收了数码单反照相机 TTL 取景器的众多优点，比如没有视差，但是装有 EVF 的照相机就不能再装光学取景器了。

（5）快门系统

快门（Shutter）是照相机上控制感光片有效曝光时间的一种装置，如图 1-8 所示。目前的数码照相机快门包括电子快门、机械快门和 B 门。

图　1-8

首先介绍电子快门和机械快门的区别。二者控制快门的原理不同，如电子快门，是用电路控制快门线圈磁铁的原理来控制快门时间的，齿轮与连动零件大多为塑料材质；机械快门控制快门的原理是齿轮带动控制时间，连动与齿轮为铜与铁的材质居多。另外，前者受到风沙的侵袭容易损坏，后者虽也怕风沙的侵蚀，但是清洁方便。

当需要超过 1 s 曝光时间时，就要用到 B 门。使用 B 门的时候，快门释放按钮按下，快门便长时间开启，直至松开释放按钮，快门才会关闭。这是专门为长曝光设定的快门。

快门的工作原理是这样的，为了保护照相机内的感光器件，不至于曝光，快门总是关闭的；拍摄时，调整好快门速度后，只要按住照

相机的快门释放按钮（也就是拍照的按钮），在快门开启与闭合的间隙间，让光线通过摄影镜头，使照相机内的感光片获得正确的曝光，光穿过快门进入感光器件，写入记忆卡。

至于单反照相机常见的 B 门功能，虽然可由用户自由决定曝光时间的长短，拍摄弹性更高，不过目前大多数的消费性数码照相机都还不能支持，最多提供如 2 s、8 s、16 s 等较慢速度的默认值。

完善的快门必须具备以下几个方面的作用：

一是能够准确调控曝光时间，这一点是照相机快门的最基本的作用；

二是有足够高的快门速度，以利于拍摄高速动作或有效控制景深；

三是能长时间曝光，即应设有 T 门或 B 门；

四是具有闪光同步拍摄的功能；

五是具有自拍的功能，以便于自拍或在无快门线的情况下进行长时间曝光时，使快门开启。

（6）影像处理器

所谓影像处理器，就是固化到数码照相机主机板的一个大型的集成电路芯片，如图 1-9 所示。主要功能是在成像过程中对 CCD（或 CMOS）蓄积下的电荷信息进行处理，用于完成数码图像的压缩、显示和存储。

图　1-9

CCD 在数码照相机的整个工作流程中起

到了非常关键的作用。数码照相机之所以能够成像，除了镜头和感光元件之外，还有一个核心部件至关重要，那就是影像处理器。如果把镜头比作人眼睛中的晶状体，把感光器比作眼睛中的视网膜，那么影像处理器就可以看作大脑。镜头用来采集光线，感光器把采集到的光线转化成数字信号，而影像处理器则把这些数字信号加以处理，最终转化成图像。

在数码成像的工作流程中，镜头和感光元件的工作都是基础性的，影像处理器的工作则是决定性的。数码照相机最终能拍摄出什么样的图片，图片色彩的丰富性和饱和度、图片的整体层次感、图片效果的细腻程度、细节部分的表现力等，都要经过影像处理器的处理之后，才能展现出来。

除了对成像的决定性影响之外，影像处理器还有其他很多重要的作用。首先是影响照相机的整体操作响应速度，比如开机速度、对焦速度、拍摄间隔等。只有影像处理器保持正常、高效的运转，才能在单位时间内快速、准确地处理完大量数据，进而提升照相机的操作响应速度。其次是影响照相机的电池续航能力，如果影像处理器的工作流程尽可能合理，那么就能减少很多电力的损耗，进而延长电池的续航能力。

影像处理器技术经过长期发展，相对已经成熟，各大照相机厂商也都推出了自己的特色影像处理器作为一个卖点，并且为之单独命名。主流品牌影像处理器包括：

佳能：DIGIC Ⅱ、DIGIC Ⅲ、DIGIC 4 数码影像处理器。

索尼：Bionz 真实影像处理器。

奥林巴斯：TruePic Turbo、TruePic Ⅲ影像处理器。

富士：RP 自然影像处理器。

松下：VENUS（维纳斯）Ⅱ代、Ⅲ代影像处理器。

卡西欧：EXILIM 影像处理器。

尼康：EXPEED、EXPEED2、EXPEED 3 图像处理器。

宾得：PRIME 真实影像处理器。

〔7〕存储设备

数码照相机中存储器的作用是保存数字图像数据，这如同胶卷记录光信号一样，不同的是存储器中的图像数据可以反复记录和删除，而胶卷只能记录一次。存储器可以分为内置存储器和可移动存储器，内置存储器为半导体存储器，安装在照相机内部，用于临时存储图像，当向计算机传送图像时须通过串行接口。它的缺点是存储满之后要及时向计算机转移图像文件，否则就无法再往里面存入图像数据。早期数码照相机多采用内置存储器，而新近开发的数码照相机更多地使用可移动存储器。可移动存储器可以是记忆棒、Secure Digital Memory 卡、xD-PICTURE 卡、Compact Flash 卡、Smart Media 卡等。这些存储器使用方便，拍摄完毕后可以取出更换，这样可以降低数码照相机的制造成本，增加应用的灵活性，并提高连续拍摄的性能。存储器保存图像的多少取决于存储器的容量（以 GB 为单位），以及图像质量和图像文件的大小（以 MB 为单位）。图像的质量越高，图像文件就越大，需要的存储空间就越多。显然，存储器的容量越大，能保存的图像就越多。一般情况下，数码照相机能保存10~200 幅图像。这里介绍一些常用的存储设备。

① SM 卡（Smart Media Card）。SM 卡是由东芝公司在 1995 年 11 月发布的闪存卡，韩国的三星公司在 1996 年购买了生产和销售许可，这两家公司成为主要的 SM 卡厂商。SM 卡最早的名字是 SSFDC 卡（Solid State Floppy Disk Card），1996 年 6 月改名为 SmartMedia，并成为东芝的注册商标，如图 1-10 所示。

SM 卡曾经是市场上常见的微存储卡，一度在 MP3 播放器上非常流行。在 2002 年以前被广泛应用于数码产品中，如奥林巴斯的老款数码照相机以及富士的老款数码照相机多采用SM存储卡。但由于SM卡的控制电路是集成在数码产品中（比如数码照相机），这使得数码照相机的兼容性容易受到影响，所以目前新推出的数码照相机中都已经没有采用SM存储卡的产品了，SM卡也开始逐步地退出了存储卡历史的大舞台。

②xD卡（xD-PICTURE Card）。xD卡是由SM卡的推崇者——富士和奥林巴斯公司联合推出的专为数码照相机使用的小型存储卡，它采用单面18针接口，是目前体积最小的存储卡。xD取自于"Extreme Digital"，是"极限数字"的意思，如图1-11所示。

图 1-10　　　　图 1-11

相比于其他闪存卡，它拥有众多的优势特点：袖珍的外形尺寸，外形尺寸为20 mm×25 mm×1.7 mm，总体积只有0.85 cm，重约为0.002 kg，是目前世界上最为轻便、体积最小的数字闪存卡；优秀的兼容性，配合各式的读卡器，可以方便地与个人计算机连接；超大的存储容量，xD卡的理论最大容量可达8 GB，具有很大的扩展空间。

不过，xD卡的最大劣势就是价格偏贵，是目前市场上价格最为昂贵的存储卡，相信随着技术的提高和成本的降低，Xd卡的价格最终会降到一个合理的水平的。

③CF卡（Compact Flash Card）。CF卡是1994年由SanDisk公司率先推出的。它采用闪存（Flash）技术，是一种稳定的存储解决方案，不需要电池来维持其中存储的数据。对所保存的数据来说，CF卡比传统的磁盘驱动器安全性和保护性都更高，而且CF卡的用电量仅为小型磁盘驱动器的5%。这些优异的条件使得几年前众多数码照相机都选择CF卡作为其首选存储介质，其中尤其是以佳能公司作为代表，其产品采用了CF卡作为存储介质，如图1-12所示。

随着CF卡的发展，各种采用CF卡规格的非Flash Memory卡也开始出现，后来又发展出了CF+的规格，使CF卡的范围扩展到非Flash Memory的其他领域，包括其他I/O设备和磁盘存储器，以及一个更新物理规格的Type II规格（IBM的Microdrive就是Type II的CF卡）。

不过随着技术的发展，CF卡的一些缺点也逐渐暴露出来，例如：容量有限、体积较大、工作温度限制等（CF卡的工作温度一般是0~40摄氏度）。与其他种类的存储卡相比，CF卡的体积略微偏大，这也限制了使用CF卡的数码照相机体积，所以时下流行的数码照相机开始逐步放弃了CF卡而改用体积更为小巧、性能更加稳定的SD卡。

④MMC卡（Multi Media Card）。MMC卡由西门子公司和SanDisk公司于1997年共同推出，其目标主要是针对数码影像、音乐、手机、PDA、电子书、玩具等产品，比当年的SM既小又轻，它把存储单元和控制器一同做到了卡上，智能的控制器使得MMC保证兼容性和灵活性，如图1-13所示。

图 1-12　　　　图 1-13

MMC被设计作为一种低成本的数据平台和通信介质，它的接口设计非常简单：只有7针，接口成本低，相比之下 Smart Media 和 Memory Stick 的接口成本都比 MMC 高。MMC 的操作电压为 2.7~3.6 V，写 / 读电流只有 27 mA 和 23 mA，功耗比较低，适合长时间户外拍摄的需要。

⑤ SD 卡（Secure Digital Memory Card）。SD 卡是一种基于半导体快闪记忆器的存储卡，由日本松下、东芝及美国 SanDisk 公司于 1999 年 8 月共同开发研制。其大小犹如一张邮票，内部结合了 SanDisk 快闪记忆卡控制与 MLC（Multilevel Cell）技术和 Toshiba（东芝）0.16 u 及 0.13 u 的 NAND 技术，重量只有 0.002 kg，但却拥有高记忆容量、快速数据传输率、极大的移动灵活性以及很好的安全性，是目前市场上最为普及的存储卡类型，如图 1-14 所示。

图　1-14

SD 卡是一体化固体介质，没有任何移动部分，所以不用担心机械运动的损坏。它的数据传送和物理规范由 MMC 发展而来，外形采用了与 MMC 厚度一样的导轨式设计，以使 SD 设备可以适合 MMC 大小和 MMC 差不多，尺寸为 32 mm×24 mm×2.1 mm。长宽和 MMC 一样，只是厚了 0.7 mm，以容纳更大容量的存储单元。SD 卡与 MMC 卡保持着向上兼容，也就是说，MMC 可以被新的 SD 设备存取，兼容性则取决于应用软件，但 SD 卡却不可以被 MMC 设备存取。

SD 卡的结构能保证数字文件传送的安全性，也很容易重新格式化，所以有着广泛的应用领域，音乐、电影、新闻等多媒体文件都可以方便地保存到 SD 卡中。因此当前许多数码照相机都支持 SD 卡，松下是目前 SD 卡最主要的生产厂家，很多存储卡公司也都开发 SD 卡，它已经逐渐取代了 CF 卡的昔日地位。

⑥ 索尼记忆棒（Memory Stick）。索尼记忆棒是索尼公司开发研制的，和很多 Flash Memory 存储卡不同，Memory Stick 规范是非公开的，没有什么标准化组织，采用了索尼自己的外形、协议、物理格式和版权保护技术，要使用它的规范就必须和索尼谈判签订许可。索尼记忆棒的发展经过了几个时期，即记忆棒（蓝条和白条）D、记忆棒 DUO D 双面 2×128 MB、记忆棒 PRO D 和记忆棒 PRO Duo，凭借着索尼的强大品牌效应，记忆棒推出后，三星、爱华、三洋、卡西欧、富士通、奥林巴斯、夏普等一系列公司都已经表示了对此格式的支持。Memory Stick 如图 1-15 所示。

图　1-15

除了外形小巧、具有极高稳定性和版权保护功能以及方便地使用于各种记忆棒系列产品等特点外，记忆棒的优势还在于索尼推出的大量利用该项技术的产品，如 DV 摄像机、数码照相机、VAIO 个人电脑、彩色打印机、Walkman、IC 录音机、LCD 电视等，而 PC 卡转换器、并行出口转换器和 USB 读写器等全线附件使得记忆棒可轻松实现与 PC 及苹果机的连接。

随着 PRO D 和 PRO Duo 记忆棒的推出，当前的索尼记忆棒已经摆脱了最初的容量小、速度慢等的劣势，逐步开始和 SD 卡平起平坐，不过目前价格问题仍是阻碍记忆棒进一步发展的障碍。

（8）LCD（液晶显示器）

LCD（Liquid Crystal Display）为液晶显示屏，数码照相机使用的 LCD 与笔记本式计算机的液晶显示屏工作原理相同，只是尺寸较小，如图 1-16 所示。从种类上讲，LCD 大致可以分为两类，即 DSTN-LCD（双层盒超扭曲向列液晶显示器）和 TFT-LCD（薄膜晶体管液晶显示器）。与 DSTN 相比，TFT 的特点是亮度高，从各个角度观看都可以得到清晰的画面，因此数码照相机中大部分采用 TFT-LCD。LCD 的作用有三个：一为取景，二为显示，三为显示功能菜单。

图　1-16

（9）输出接口

数码照相机的输出接口主要有计算机通信接口、连接电视机的视频接口和连接打印机的接口，如图 1-17 所示。常用的计算机通信接口有串行接口、并行接口、USB 接口和 SCSI 接口。若使用红外线接口，则要为计算机安装相应的红外接收器及其驱动程序。如果数码照相机带有 PCMCIA 存储卡，那么可以将存储卡直接插入笔记本式计算机的 PC 卡插槽中。

图　1-17

知识拓展

通过本节的学习充分认识数码照相机的成像原理和各个部分的结构及其作用，下面以

佳能 600D 照相机为例通过图示的形式详细介绍照相机每部分和按钮的名称，如图 1-18 所示。

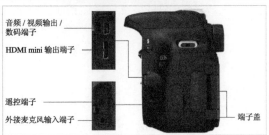

图　1-18

1.1.2　数码照相机的优点

（1）拍摄成本低

数码照相机只要购买一张存储卡，就可以多次重复使用，并拍摄大量的照片，基本上不需要耗材上的费用。而传统照相机需要一部分前期投入，如购买胶卷、相纸等，对于一些不能独立完成冲洗的非专业人员，还需要到冲洗店进行冲洗，使用数码照相机就省去了这些麻烦。

以最常见的 1 000 万像素数码照相机来说，采用标准质量压缩模式的 JPG 格式保存一张数码照片，其容量在 2MB 左右，这样算来一张 1GB 的存储卡就能保存超过数百张的照片，相当于传统照相机几个胶卷的总和，存储卡和胶卷如图 1-19 所示。如今市面上主流存储卡的容量已经达到 64GB，其容量是惊人的。

图　1-19

（2）所拍即所得

当使用数码照相机拍摄完成后，可以马上看到结果，并将一些失败的作品随时删除，而传统照相机在拍摄后不能立刻看到效果，必须冲洗出来才能看到。

（3）能拍摄出对比度较真实的照片

数码照相机在拍摄过程中可以随时调节感光度来适应不同光线的拍摄环境，在光线较暗的环境中可以捕捉到更多的细节。而在使用传统照相机时，用感光药水重显画面时，涉及许多复杂的因素，其成功率往往取决于操作人员的经验、技术，以及相关的专业水平。

（4）存放方便

使用数码照相机拍摄的相片可直接存入计算机硬盘中，可以随时对其进行分类整理，并且可以使用一些图形图像软件对其进行后期编辑处理，而冲洗出来的普通相片会因沾水而变色，因日久而褪色，不易进行分类保存。

（5）携带方便

有些数码照相机造型较小巧，甚至可以像手机一样挂在腰上，这为人们的出行提供了许多便利。其造型如图 1-20 所示。

图　1-20

（6）输出形式多样

数码照相机拍摄到的数码相片可以通过打印机打印输出，或者使用彩扩设备输出，还可以通过网络等形式发布。传统照相机所记录的影像是固化在胶片上的光学信号，必须在暗房里冲洗后才能显影。胶片大多使用彩扩机输出照片，其质量比较高，一般传统照相机拍摄的底片都可以扩放至 16 英寸（1 英寸 =0.025 4 m），如果使用高品质镜头的话，可以扩放至 40 英寸（1 英寸 =0.025 4 m）。当需要对图像进行处理时，可通过底片扫描仪把图像转换为数字信号输入计算机，但是扫描所得的图像质量会受到扫描仪精确程度的影响，从底片的冲洗、图像的数字化到照片的扩放，这中间要经过几个操作程序，而每个环节都会对图像质量产生影响。

数码照相机获取的图像能够直接输入计算机，还可使用一些图像处理软件进行后期编辑，由于图像是以数字的方式存储的，在与计算机等各种设备进行信息传输时，从理论上来讲图像质量是不会损失的。

数码照片的输出途径有两种：一种是通过照片打印机打印，照片输出的最大尺寸和质量主要取决于数码照相机的最高分辨率和技术含量。当然，打印机、墨水质量、照片打印纸、操作方法也会对其质量有所影响；另外一种是通过专业的数码彩扩设备输出，如柯达的诺日士数码彩扩机。前一种方式比较灵活、方便快捷，用户可以根据需要进行设置，以输出满意的作品，但制作成本较高，输出尺寸较小；后一种方式输出的照片质量较高，输出尺寸也较大。

1.2　内置闪光灯

图　1-21

闪光灯主要的功能就是补光，在光线不足的情况下使用闪光灯可以增加曝光量以达到正常曝光的效果，但使用闪光灯也要注意对闪光灯的控制，如图 1-21 所示。

1.2.1　认识内置闪光灯

如今的数码照相机都带内置闪光灯，用起来非常方便，当用自动闪光模式拍照时，亮度不够时便自动闪光，以补助光线的不足，完成正确曝光任务。

在一般初练摄影者的眼里，只是在光亮不够时，用闪光灯提高亮度，达到正确曝光的目的。其实不然，这只是闪光灯用途之一。它的另外一个用途是用来做辅助光。比如在阳光下逆光拍摄人像，太阳的亮度很高，足够使 CCD 感光，用自动模式拍摄是不会自动闪光的，但拍出的效果却不理想，背景很亮，人脸却是黑的。如何改进这种效果呢？方法有两种：第一种是提高脸部亮度，第二种是增加曝光量。第二种方法虽然可以改善黑脸效果，但是背景会曝光过度失去层次，故不可取。要提高脸部亮度，在没有反光板的情况下，这时闪光灯是很好的辅助光源。在阳光下拍摄用闪光灯有个前提条件，即照相机必须有程序自动曝光或手动曝光功能，或者叫强制闪光功能。加闪光补助后效果会好，人的脸部不黑了，还有明亮的轮廓光。如果采用侧光拍摄，不加闪光容易形成一半亮一半黑的阴阳脸，这是很不好的造型效果，如果在正面加闪光补助，既保持了侧光的立体效果，又增加了背光面的层次和皮肤质感。使照片增色不少。

用较慢的快门速度闪光拍摄，如以车流作为背景拍摄人像，把闪光灯调到后廉同步（即在关闭快门前的瞬间闪光），可以得到特殊的光流效果。正常闪光要调到廉前闪光（快门打开后闪光）。数码照相机的内置闪光灯功率较小，闪光的有效距离是有限的，一般为 1 ~ 4 m。如果超过闪光距离就需要外置闪光灯了。

用闪光灯拍摄夜景，拍摄时间很重要，黄昏拍摄最好，如果街灯很亮，或拍摄灯光效果也可在深夜拍摄。用慢门拍摄三脚架是必需的，用不同的速度试拍得到理想效果。

家用数码照相机的内置闪光灯的闪光模式有四种：

（1）自动闪光

自动闪光可以自动判断拍摄现场的亮度是否达到正确曝光的要求，如果光亮不够就会自动闪光，弥补光的不足。

（2）强制闪光

强制闪光为不管光亮够不够，都进行闪光，适用于室外逆光拍摄或室内拍摄辅助照明。

（3）关闭闪光

关闭闪光是不管拍摄现场光亮如何都不进行闪光，适用于禁止闪光的场合。

（4）防红眼闪光

防红眼闪光用于防止产生红眼。

闪光灯属于瞬间点光源，照度的强弱受照射距离影响，拍摄距离越近越强，越远越弱，若要拍摄比较远距离的景物需要使用高能量的外置闪光灯，比如佳能照相机配套的外置闪光灯。外置闪光灯的功率大，自然闪光照明的

距离和范围也广一些。内置闪光灯无法调节闪光的方向，而外置闪光灯可以灵活地进行上下左右的调节，使用上更方便。不过，不是所有的数码照相机都可以配置外置闪光灯，数码照相机要具有热靴才能使用外闪。

在平时使用闪光灯的拍摄中，闪光灯一般直接对着被摄者，这样很容易造成阴影，而利用跳闪的方法就可以很好地解决这个问题。跳闪是外闪中一个很常见的使用方法，是指闪光灯不直接对着被摄者，而是形成一定的角度。利用墙壁、天花板进行反光，也有的闪光灯自带很小的反光板，这样能使光线变得自然、柔和。

1.2.2 内置闪光灯与外置闪光灯的区别

外置闪光灯就是独立的，自带电池仓，独立供电，与照相机的热靴相连，如图1-22所示。

图 1-22

外置闪光灯相对于内置闪光灯有以下几个优势：

（1）功率大

外置闪光灯的闪光指数可以轻易超过50，而一般数码单反照相机内置闪光灯的闪光指数不超过12。闪光指数可以简单理解为，在ISO100、F1.0的情况下，闪光灯的有效距离。例如，如果闪光灯的闪光指数达到了58，那么在ISO100、镜头光圈为F1.0的情况下，闪光灯的有效距离就是58 m。如果感光度提高或者光圈缩小，那么有效距离会相应地增大或者减

小。可以看出，外置闪光灯功率更大、在舞台、会议等场合能更好地发挥作用。

（2）回电快

外置闪光灯采用专用的电池供电，基本不消耗数码单反照相机主机的电池，所以回电很快，一次闪光后只需要很短的时间便能重新闪光。而在一些同时需要闪光的场合，一般的内置闪光灯很难达到这种效果。

（3）布光方便

外置闪光灯的灯头可以多角度旋转，这样在布光上更加方便。通过合理的调节，可以使光线效果变得更加自然，不那么生硬。而内置闪光灯通常只有一个角度，闪光灯打开后，效果常常会变得不自然。用户还可以在外置闪光灯上加入柔光罩等各种设备去调节光强度，从而获得更自然的效果。

除此之外，某些高级闪光灯还能和数码单反照相机主机传递各种拍摄参数（如距离、色温等），这样可以更精确地控制曝光以及还原色彩。某些高级的闪光灯还能实现多台联动闪光。这些都是内置闪光灯所不具备的。

总之，有了外置闪光灯，使用者就能更加

无拘无束地发挥自己的精彩创意。但是，外置闪光灯的价格也高，通常从 1 000 ~ 3 000 元不等。所以，是否选择外置闪光灯，要根据自己的兴趣和财力酌情考虑。但并非所有数码单反照相机都带有内置闪光灯，若没有内置闪光灯，一个外置闪光灯是必备的。

1.2.3 内置闪光灯柔光罩

闪光灯柔光罩就是罩在闪光灯前面的一个罩子（见图 1-23），通过在闪光灯灯头上安装柔光罩，可以散射光线，创造出近乎无阴影的极端柔和的光线。把原来闪光灯直射刺眼的光线，透过半透明柔光罩，转化为柔和自然的漫射光，不会使被拍摄物体突出部位产生光斑，使被拍摄物体更加柔和自然。

柔光罩一般分为直射式柔光罩、反射式柔光罩、扩散式柔光罩。

直射式柔光罩：指在闪光灯前方加一块透光的白布，使光源的面积增大（这叫柔光盒），这种柔光罩可以自己动手做；需要在室内使用，或者两人同时操作，便携性差。

反射式柔光罩：灯头朝上，利用一块 45° 倾斜的白色罩子把光线反射出去；需要在室内使用，或者两人同时操作，便携性差。

扩散式柔光罩：利用一个凸出的白的塑料盒，把光线扩散出去。从便携性上看，没有使用场地的限制，携带方便，套在遮光罩上即可，不占用空间，也几乎没有重量，便携性极强。

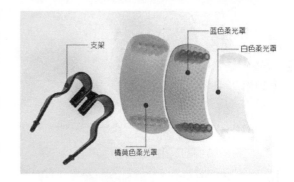

图　1-23

1.3　白平衡

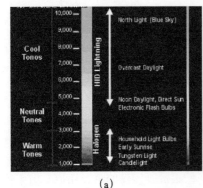

(a)

(b)

数码照相机一般都会有白平衡设置，通过调节照相机的白平衡可以在相同光线、相同场景下拍摄出不同色调的画面，如图 1-24 所示。

图　1-24

1.3.1　白平衡的概念

从字面上理解，白平衡就是白色的平衡，这涉及一些色彩学的知识。白色是指反射到人眼中的光线由于蓝、绿、红三种色光比例相同且具有一定的亮度所形成的视觉反应。白色光是由赤、橙、黄、绿、青、蓝、紫七种色光组成的，而这七种色光又是由红、绿、蓝三原色按不同比例混合形成。当一种光线中的三原色成分比例相同的时候，习惯上人们称为消色，黑、白、灰、金和银所反射的光都是消色。通俗地理解，白色是不含有色彩成分的亮度。人眼所见到的白色或其他颜色同物体本身的固有色、照相机光源的色温、物体的反射或透射特性、人眼的视觉感应等诸多因素有关，举个简单的例子，当有色光照射到消色物体时，物体反射光颜色与入射光颜色相同，即红光照射下的白色物体呈红色，两种以上有色光同时照射到消色物体上时，物体颜色呈加色法效应，如红光和绿光同时照射白色物体时，该物体就呈黄色。当有色光照射到有色物体上时，物体的颜色呈减色法效应。如黄色物体在品红光照射下呈现红色，在青色光照射下呈现绿色，在蓝色光照射下呈现灰色或黑色。

许多人在使用数码照相机拍摄的时候都会遇到这样的问题：在日光灯的房间里拍摄的影像会显得发绿，在室内钨丝灯光下拍摄出来的景物就会偏黄，而在日光阴影处拍摄到的照片则莫名其妙地偏蓝，其原因就在于"白平衡"的设置，不同的白平衡在同一场景下会拍摄出不同色调的作品，如图 1-25 所示。

图　1-25

在了解白平衡之前还要搞清楚另一个非常重要的概念——色温。所谓色温，简而言之，就是定量地以开尔文温度（K）来表示色彩。

英国著名物理学家开尔文认为，假定某一黑体物质，能够将落在其上的所有热量吸收，而没有损失，同时又能够将热量生成的能量全部以"光"的形式释放出来的话，它便会因受到热力的高低而变成不同的颜色。例如，当黑体受到的热力相当于 500～550℃时，就会变成暗红色，达到 1050～1150℃时，就变成黄色，温度继续升高会呈现蓝色。光源的颜色成分与该黑体所受的热力温度是相对应的，任何光线的色温是相当于上述黑体散发出同样颜色时所受到的"温度"，这个温度就用来表示某种色光的特性区别于其他，这就是色温。打铁过程中，黑色的铁在炉温中逐渐变成红色，这便是黑体理论的最好例子。色温现象在日常生活中非常普遍，例如，钨丝灯所发出的光由于色温较低表现为黄色调；不同的路灯也会发出不同颜色的光；天然气的火焰是蓝色的，原因是色温较高；正午阳光直射下的色温约为 5 600 K，阴天更接近室内色温 3 200 K；日出或日落时的色温约为 2 000 K；烛光的色温约为 1 000 K。我们不难发现一个规律：色温越高，光色越偏蓝；色温越低则越偏红。某一种色光比其他色光的色温高时，说明该色光比其他色光偏蓝，反之则偏红；同样，当一种色光比其他色光偏蓝时说明该色光的色温偏高，反之偏低，如图 1-24（a）所示。

以 3 200 K 和 5 600 K 色温条件下设置的蓝、绿、红感光平衡为例，当环境色温为 3 200 K 时，照相机色温滤光片放置在 3 200 K，景物可以得到正确的色彩还原；当环境色温为 5 600 K 时，照相机色温滤光片放置在 5 600 K，景物可以得到正确的色彩还原。当环境色温在 3 200 K±1 000 K 和 5 600 K±1 000 K 范围内，利用白平衡预置功能可以得到人眼可以接受的色彩还原，由于色温偏差不大，拍摄出的画面只呈现出细微的色彩变化。不同的生活环境本身会由于环境色和照明差异的影响而色彩基调不同，如果调白会使不同的环境呈现单一白光照明的效果，而利用白平衡预置则可以保留这种丰富的色彩变化，如图 1-24（b）所示。

1.3.2　白平衡的模式

一般照相机的白平衡有多种模式，以适应不同的场景拍摄，如自动白平衡、钨光白平衡、荧光白平衡、室内白平衡、手动调节，如图 1-26 所示。

图　1-26

（1）自动白平衡

自动白平衡通常为数码照相机的默认设置，照相机中有一个结构复杂的矩形图，它可决定画面中的白平衡基准点，以此来达到白平衡调校。这种自动白平衡的准确率是非常高的，但是在光线下拍摄时，效果较差，而且在多云天气下，许多自动白平衡系统的效果极差，它可能会导致偏蓝。

（2）钨光灯白平衡

钨光白平衡又称"白炽光"或者"室内光"。设置一般用于灯泡照明的环境中（如家中），当照相机的白平衡系统感应到将不用闪光灯在这种环境中拍摄时，它就会开始决定白平衡的位置，不使用闪光灯在室内拍照时，需要使用这个设置。

（3）荧光灯白平衡

荧光灯白平衡适合在荧光灯下作白平衡调节，因为荧光的类型有很多种，如冷白和暖白，因而有些照相机不止一种荧光白平衡调节。各个地方使用的荧光灯不同，荧光设置也不一样，摄影师必须确定照明是哪种荧光，使照相机进行效果最佳的白平衡设置。在所有的设置中，荧光设置是最难决定的，例如，有一些办公室和学校里使用多种荧光类型的组合，这里的荧光设置就非常难以处理，最好的办法就是试拍。

（4）室内白平衡

室内白平衡又称多云、阴天白平衡，适合把昏暗处的光线调至原色状态。并不是所有的数码照相机都有这种白平衡设置，一般来说，白平衡系统在室外情况时处于最优状态，无须这些设置。但有些制造商在照相机上添加了特别的白平衡设置，这些白平衡的使用依照相机的不同而不同。

（5）手动调节

手动调节白平衡在不同地方有各不相同的名称，它们描述的是某些普通灯光情况下的白平衡设置。一般来说，用户需要给照相机指出白平衡的基准点，即以画面中哪一个"白色"物体作为白点。但不同的白纸会有不同的白色，有些白纸可能稍微偏黄些，有些白纸可能稍稍偏白，而且光线会影响人们对"白色"的色感，怎样确定"真正的白色"？解决这个问题的一种方法是随身携带一张标准的白色纸，拍摄时拿出来比较一下被摄体。这个方法的效果非常好，如果在室内拍摄中很难决定如何设置时，可以根据"参照"白纸设置白平衡。在没有白纸的时候，让照相机对准眼球认为是白色的物体进行调节。

1.4　测光

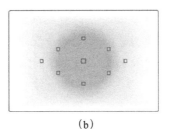

（a）　　　　　　　　　　（b）

图　1-27

通过照相机准确的测光可以得到曝光正常的照片，照相机的测光模式一般分为中央平均测光、中央局部测光、点测光及评价测光四种，如图 1-27 所示。

1.4.1　测光的概念

测光，是计测合适曝光的过程。只有通过测光获得正确曝光，才能得到令人满意的照片。

数码照相机的测光系统一般是测定被摄对象反射回来的光亮度，又称反射式测光。测光方式按测光元件的安放位置不同一般可分为外测光和内测光两种方式。

（1）外测光

在外测光方式中，测光元件与镜头的光路是各自独立的。这种测光方式广泛应用于平视取景镜头快门照相机中，它具有足够的灵敏度和准确度。单镜头反光照相机一般不使用这种测光方式。

（2）内测光

内测光方式是通过镜头来进行测光，即 TTL 测光，与摄影条件一致，在更换照相机镜头或摄影距离变化、加滤色镜时均能进行自动校正。目前几乎所有的单镜头反光照相机都采用这种测光方式。

在拍摄时，摄影师半按快门，照相机启动 TTL 测光功能，入射光线通过照相机的镜头以及反光板折射，进入机身内置的测光感应器，这块测光感应器和 CCD 或者 COMS 的工作原理类似，将光信号转换为电子信号，再传递给照相机的处理器运算，得到一个合适的光圈值和快门值。用户完全按下快门，照相机按照处理器给出的光圈值和快门值自动拍摄。TTL 测光最大的优势就是，TTL 测光得到的通光量就是标准底片的曝光参数，如果照相机前面加装了滤镜，TTL 测光得出的测光数值和不加滤镜时是不同的，用户此时不需要根据照相机加装的滤镜重新调节曝光补偿，只需要直接按下快门拍照即可。

1.4.2　测光方式的分类

大多数数码照相机或传统照相机都具备中央平均测光、中央局部测光、点测光及评价测光等测光方式，如图 1-27（a）所示。

（1）中央重点平均测光

中央平均测光（简称：中央平均测光）是被采用最多的一种测光模式，几乎所有的照相机生产厂商都将中央平均测光作为照相机默认的测光方式，如图 1-27（b）所示。

中央平均测光主要是考虑到一般摄影者习惯将拍摄主体，即需要准确曝光的东西放在取景器的中间，所以这部分拍摄内容是最重要的。因此负责测光的感光元件会将照相机的整体测光值有机地分开，中央部分的测光数据占绝大部分比例，而画面中央以外的测光数据作为小部分比例起到测光的辅助作用。经过照相机的处理器对这两个数值加权平均之后的比例就是拍摄的照相机测光数据。例如，尼康照相机采用的就是中央平均测光，尼康照相机的中央部分测光占整个测光比例的 75%（这个比例依各家品牌不同而有所差异），其他非中央部分逐渐延伸至边缘的测光数据占 25% 的比例。在大多数拍摄情况下中央平均测光是一种非常实用、也是应用最广泛的测光模式，但是如果需要拍摄的主体不在画面的中央或者是在逆光条件下拍摄，中央平均测光就不适用了。中央平均测光是一种传统测光方式，大多数照相机的测光算法是重视画面中央约 2/3 的位置，另外对周围也予以某些程度的考虑。对于习惯使用中央平均测光的摄影者，用这种方式测光比使用多区评价测光方式更加容易控制效果，适用于拍摄个人旅游照片、特殊风景照片等。

（2）中央部分测光

中央部分测光（又称：局部测光）和中央平均测光是两种不同的测光方式，中央平均测光是以中央区域为主、其他区域为辅助的测光方式，而中央部分测光则是只对画面中央的一块区域进行测光，测光范围是 3% ～ 12%，如图 1-28 所示。

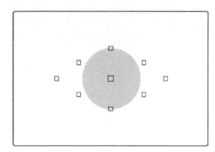

图 1-28

中央部分测光模式适合一些光线比较复杂的场景，此时需要得到更准确的曝光，采用中央部分测光可以得到拍摄主体准确曝光的照片。中央部分测光可针对一些特殊的恶劣的拍摄环境应用，能更加确保照相机处理器计算出画面中央主要表现对象部分所需要的曝光量。

在舞台、演出、逆光等场景中这种模式最为合适，不过由于分割测光（矩阵测光）模式的兴起，这种模式现在已经逐渐较少在照相机中出现。而佳能是坚持采用中央部分测光的厂商，一直到推出 EOS 30V 胶片照相机及 EOS 20D 数码单反照相机中都设计了 9% 区域的局部测光，这可以让没有点测光功能的照相机在拍摄一些光线复杂条件下的画面时减小光线对主体的影响。局部测光方式是对画面的某一局部进行测光。当被摄主体与背景有着强烈明暗反差，而且被摄主体所占画面的比例不大时，运用这种测光方式最合适；在这种情况下，局部测光比中央平均测光方式准确，又不像点测光方式那样由于测光点太狭小需要一定测光经验才不容易失误。局部测光适用于拍摄特定条件下需要准确的测光，测光范围比点测光更大时。

（3）点测光

中央平均测光虽然可以充分地表现整个画面的光线反应，但是也有许多不足之处，例如需要精准的小范围物体曝光准确时，中央平均测光就不那么理想，即使是局部测光有时范围也太大。为了克服这些不足之处，一些厂商研发出点测光（SPOT）模式来避免光线复杂条件下或逆光状态下环境光源对主体测光的影响。点测光的范围是以观景窗中央的一块极小范围区域作为曝光基准点，大多数点测光照相机的测光区域为 1% ～ 3%，照相机根据这个较窄区域测得的光线作为曝光依据，如图 1-29 所示。

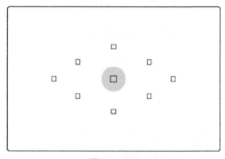

图 1-29

点测光是一种相当准确的测光方式，但对

于新手来说，却不容易掌握，错误的测光点所拍出来的画面不是过曝就是欠曝，造成严重的曝光误差。点测光的技巧还可以用在日益盛行的数字照相机微距拍摄时，让微距部分曝光更加准确。微距拍摄者初步可以选择画面的中间小区域来作为测光基准点。点测光在人像拍摄时也是一个好工具，可以准确地对人物局部（如脸部、眼睛）进行准确曝光。点测光只对很小的区域准确测光，区域外景物的明暗对测光无影响，所以测光精度很高，其用途主要是可对远处特定的小区域测光。掌握这种测光方式要求摄影者对所使用照相机的点测特性有一定了解，懂得选定反射率为 18% 左右的测光点，或者能对高于或低于 18% 反射率的测光点凭经验做出曝光补偿。点测光方式主要供专业摄影师或对摄影技术很了解的人使用，适用于拍摄舞台摄影、个人艺术照、新闻特写照片等。

（4）评价测光

评价测光方式（又称：分割测光）是一种比较新的测光技术，出现时间不超过 20 年，最早由尼康（Nikon）公司率先开发这种独特的分割测光方式。评价测光方式与中央平均测光最大的不同就是评价测光将取景画面分割为若干个测光区域，每个区域独立测光后再整体整合加权计算出一个整体的曝光值。最开始推出的评价测光一般分割数比较少，例如尼康是将测光区域分割为八部分，各自独立测光后通过照

1.4.3　摄影中实用的测光方法

在摄影创作中，曝光时遇到的情况是复杂多变的，被摄体影调、亮度、氛围、质量以及色彩的纯度等千变万化，这与如何选择准确曝光密切相关，要想准确地曝光首先要会测光，常用的测光方法有平均测光法、照顾重要的暗部阴影法、考虑亮部影调法、掌握亮度范围法、灰板法、测量代用目标法等。

相机的中央处理器以及内建数据区域测光，佳能、美能达、宾德等品牌的照相机也都有类似的测光模式设计，各品牌的区别仅在于测光区域分布或者分析算法不同。评价测光模式如图 1-30 所示。

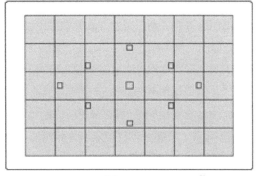

图　1-30

例如佳能顶级机器上设计的 21 区域 TTL 测光准确并且快速，这不仅仅依赖于照相机本身的硬件性能，还和照相机的处理能力以及数据分析算法关系紧密。多区评价测光是目前最先进的智能化测光方式，是模拟人脑对拍摄时经常遇到的均匀或不均匀光照情况的一种判断，即使对测光不熟悉的人，用这种方式一般也能够得到曝光比较准确的照片。这种模式更加适合于大场景的照片，例如风景、团体合影等，在拍摄光源比较正、光照比较均匀的场景时效果最好，目前已经成为许多摄影师和摄影爱好者最常用的测光方式。评价测光适用于拍摄团体照片、家庭合影、一般的风景照片等。

（1）平均测光法

平均测光法是在拍摄点用机内测光装置中的中央平均测光功能对准被摄体直接测光，它得到的是被测量的景物范围内各种亮度的平均读数。这种方法有利于保证使整幅底片得到适当的曝光量，使整幅底片的密度不薄亦不厚。如果被摄体的明暗分布比较均匀，而且反差不

大，用这种平均测光法极易获得良好的效果。

（2）照顾重要的暗部阴影法

照顾重要的暗部阴影法可以准确地控制画面中最主要的物体影像中重要阴影部分的影调，使这些部分的影调和层次表现适当。当画面中阴影部分占据很重要的部位时，如山峦的阴影部、逆光照明的室内景物、逆光人像等宜采用这种方法确定曝光。具体做法是：用反射式测光表或照相机的测光系统单独对准被摄对象重要的阴影部分测光，但不按照测光表直接指出的读数曝光，而是比测光表指出的曝光量再减少 1 级、2 级或 3 级进行曝光，将测量的部位表现成较暗的影调。在这种情况下，要比测光表提供的读数减少曝光。对于黑白和彩色负片来说，比测光表指出的曝光量减少 3 级以内仍然可以记录层次；彩色反转片减少曝光要控制在 2 级之内。

（3）考虑亮部影调法

考虑亮部影调法不是重点考虑被摄体暗部的影调，而是从增强或削弱景物的反差需求出发，让主要景物亮部将再现成什么影调作为思考的重点。例如，拍摄一幅顺光或前侧光照明的近景人像，或者拍摄雪景，打算将人脸的亮部或大雪覆盖的地方再现为中级影调还是较亮、较明快的影调，就会用到这种方法。具体做法是：用反射式测光表或照相机的测光系统单独对准被摄体的亮部测光，取得测光读数后，并不按照读数曝光，而是将曝光量再增加 1 ~ 2 级。拍雪景及其他高调景物，也应比测得的读数额外增加曝光。

（4）掌握亮度范围法

掌握亮度范围法是分别近测被摄体亮、暗两部分的亮度，然后根据胶卷的宽容度确定适当的曝光。假如测量被摄体的亮面应该用 F16 曝光，而测量暗面应该用 F4 曝光，那么，最后可以折中用 F8 曝光。这样，亮面曝光过度 2 级，暗面曝光不足 2 级，都能够记录丰富的层次。根据黑白与彩色负片的宽容度，亮部曝光只要不超过 3 级、暗部曝光只要不少于 4 级，底片上仍然是有层次的。一般说来，如果底片的显影正常，黑白和彩色负片亮部的亮度超过 3 级、暗部的亮度不足 3 级，是能够有层次的。

（5）灰板法

灰板法不是用测光表直接测量被摄体的亮度，而是测量有中级反光率的表面，依照测得的读数曝光。这样，被摄景物中标准亮度的表面（中级灰表面）在照片上再现为中级灰影调，比它更暗或更亮的表面则获得比中级灰更暗或更亮的影调。最标准的中级灰表面是反光率为 18% 的摄影测试灰板。将这样的灰板放置在被摄体的位置，并使它受光均匀，然后用反射式测光表对准它测量，并按照测得的读数曝光，会使被摄体得到正确曝光。这种测光方法，与亮度测光表所得的结果是一致的。因为它能正确再现出被摄景物中明暗各部分影调的深浅，尤其适合于彩色反转片的拍摄。如果没有反光率为 18% 的灰板，摄影者可以用测光表测量自己的手背代替灰板，因为它们的反光率接近。根据手背的亮度曝光，被摄对象各部分的明暗关系也能得到很好的体现。

（6）测量代用目标法

当被摄对象离照相机很远，不可能靠近被摄体测量局部的亮度时，可采取测量代用目标的方法，就是从近处选择一块与远处的被摄体亮度相当的代用目标，直接测量它的反射亮度，以代替对远处被摄体的测量。比如测量近处的雪，代替在远处山峰上同样明亮的雪；测量近处一棵大树的树干或丛叶，代替河流对岸的树木。不过，采用这种测光方法，要注意代用目标和实际被摄对象的受光情况必须一致，而且勿使背景影响它的读数，才能获得准确的结果。

在摄影中，无论何时何地，摄影师都应该清楚地知道自己要拍的是什么，只要明确了所要拍摄的主体，随之而来的测光、构图以及最终如何设定光圈和快门组合也就变得简单了。

1.5 感光

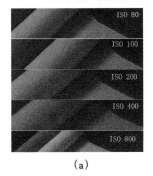

（a） （b）

图 1-31

感光度即 ISO，在数码照相机中有很多不同的感光度数值，通过调高感光度可以获得更快的快门速度、调低感光度可获得更细腻的成像质量，如图 1-31 所示。

1.5.1 感光度的概念

感光度（ISO）指的是感光体对光线感受的能力。在传统摄影时代，感光体就是底片，而在数字摄影时代，照相机则采用 CCD 或是 CMOS 作为感光元件。感光度越高（即 ISO 值越高）时，拍摄时所需要的光线就越少，感光度越低时，拍摄所需要的光线就越多。

在使用传统照相机时，可因拍摄环境亮度不同选购不同感光度（速度）底片，例如一般阴天的环境可用 ISO200，黑暗（如舞台、演唱会）的环境可用 ISO400 或更高感光度。而数码照相机内也有类似的功能，它借着改变感光芯片里信号放大器的放大倍数来改变 ISO 值，但当提升 ISO 值时，放大器也会把信号中的噪声放大，产生粗微粒的影像，如图 1-31（a）所示。

数码照相机中感光部分的元件是图像感光器，同样也是采用了 ISO 的标准来衡量对光线的敏感程度。而且同胶片感光一样，ISO 数值越大，最后成像中的颗粒状就越明显。不过数码照相机拍摄出来的照片中产生的颗粒感更表面化，这就是平时所谓的数码噪点。

ISO50 ～ ISO100 为低感光度。在这一段可以获得极为平滑、细腻的照片。只要条件许可、能够把照片拍清楚，尽量使用低感光度，比如，只要能够保证景深，可开大一级光圈，而把感光度提高一挡。

ISO200 ～ ISO800 属于中感光度。在这一段需要认真考虑这张照片做什么用，要放大到什么程度，假如能够接受噪点，中感光度设定降低了手持照相机拍摄的难度，提高了在低照度条件下拍摄的安全系数，使成功率提高。

ISO1600 ～ ISO6400 是高感光度。在这一段噪点明显，使用这样的设置，拍摄的题材内容的重要性往往超过了影像的质量，毕竟有的时候拍摄条件太差，但拍到一张质量稍差的照片要比根本捕捉不到影像好。

1.5.2 感光度的作用

感光度对摄影的影响表现在两方面。其一是速度，更高的感光度能获得更快的快门速度；其二是画质，越低的感光度带来更细腻的成像质量，而高感光度的画质则噪点比较大。

感光度的提高可以有效减少 CCD 感光时间，这为弱光下的拍摄提供了方便。因为通常在弱光或夜晚拍摄时，会需要较长的曝光时间，使用闪光灯不当容易破坏曝光，手持拍摄不得不使用三脚架来固定照相机才能拍出清晰的相片。而用不同的 ISO 可以达到几乎相同的拍摄效果,但是快门时间却大大加快了。快门速度越快越有利于抓拍运动场面,包括抓拍动物、竞技类比赛、水滴等,甚至可以拍出水滴静止的形态,而这些都是以较高的 ISO 为前提的。

高感光度常用在暗光的拍摄、隐蔽拍摄、高速抓拍上,在这类情况下可以通过提高感光度来达到想要的效果。

(1) 暗光场景

对于暗光场景,往往会因为快门速度过慢而引发画面模糊的问题。也许可以用大光圈、闪光灯、甚至三脚架来弥补这个问题,但是往往大光圈也起不了多少作用,闪光灯拍出的效果太硬,三脚架能防止摄影者的手抖却不能保证拍摄主体不动,这时候就该考虑提高感光度,暗光场景拍摄效果如图 1-32 所示。

图 1-32

(2) 隐蔽拍摄

当拍摄现场是一个弱光的环境,由于隐蔽拍摄不开闪光灯,所以要使用高感光度来拍摄,效果如图 1-33 所示。

图 1-33

(3) 高速抓拍

高速抓拍在任何场景都可能遇到。这样的场景不会随着环境光线变化而变化,只要用高速快门,就往往要用到高感光度。如果需要高速快门抓拍,快门速度都在 1/1000 s 以上,除了晴天很难在低感光度达到此快门速度。但是只要提高感光度,每提高一挡感光度快门速度可以成倍加快。所以,如果需要高速快门,提高感光度是非常直接有效的办法,效果如图 1-31(b)所示。

1.6 景深

(a)

(b)

图 1-34

景深效果就是在实际拍摄中当焦距对准某一点时,其前后仍清晰的范围。它能决定是把背景模糊化来突出拍摄对象,还是拍出清晰的背景,如图 1-34 所示。

1.6.1　认识景深

景深是指在照相机镜头或其他成像器前沿着能够取得清晰图像的成像轴线所测定的物体距离范围。在聚焦完成后，在焦点前后的范围内都能形成清晰的像，这一前一后的距离范围称为景深。在镜头前方（调焦点的前、后）有一段一定长度的空间，当被摄物体位于这段空间内时，其在底片上的成像恰好位于焦点前后这两个弥散圆之间。换言之，在这段空间内的被摄体，其呈现在底片的影像模糊度都在容许弥散圆的限定范围内。

照相机景深是当照相机的镜头对着某一物体聚焦清晰时，在镜头中心所对的位置，垂直镜头轴线的同一平面的点都可以在胶片或者接收器上形成相当清晰的图像，在这个平面沿着镜头轴线的前面和后面一定范围的点也可以结成眼睛可以接受的较清晰的像点。光轴平行的光线射入凸透镜时，理想的镜头应该是所有的光线聚集在一点后，再以锥状扩散开来，这个聚集所有光线的一点称为焦点。在焦点前后，光线开始聚集和扩散，点的影像变成模糊的，

形成一个扩大的圆，这个圆称为弥散圆。在现实当中，观赏拍摄的影像是以某种方式（如投影、放大成照片等）来观察的，人的肉眼所感受到的影像与放大倍率、投影距离及观看距离有很大的关系，如果弥散圆的直径小于人眼的鉴别能力，在一定范围内实际影像产生的模糊是不能辨认的。这个不能辨认的弥散圆称为容许弥散圆（permissible circle of confusion）。在焦点的前、后各有一个容许弥散圆。以持照相机拍摄者为基准，从焦点到近处容许弥散圆的距离称为前景深，从焦点到远方容许弥散圆距离称为后景深。

景深效果在实际拍摄中就是当焦距对准某一点时，其前后仍可清晰的范围。它能决定是把背景模糊化来突出拍摄对象，还是拍出清晰的背景。我们经常能够看到拍摄花、昆虫等的照片中，将背景拍得很模糊（称为小景深），如图 1-34（a）所示。但是拍摄纪念照或集体照、风景等的照片一般会把背景拍得和拍摄对象一样清晰（称为大景深），如图 1-34（b）所示。

1.6.2　如何控制景深

景深的决定因素有光圈的大小、镜头焦距、被拍摄体的距离、感光元件大小（与容许弥散圆半径有关）。

(1) 镜头光圈

光圈越大，即光圈值越小，景深越小；光圈越小，即光圈值越大，景深越大。光圈大小与景深有着密切的关系。同等摄距下，利用光圈调节景深具有比较明显的效果。需减少景深虚化背景时，应采用大光圈，乃至镜头绝对口径（即最大光圈）；需增加景深时应选择小光圈，乃至最小光圈。即使在同样摄距，采用同样焦距拍摄同一对象时，收小光圈后对景深的影响也非常明显。如果在选择光圈的同时，结合利

用变焦镜头做焦距和摄距变化等，对景深的利用则更为灵活和科学。

(2) 镜头焦距

镜头焦距越长，景深越小；焦距越短，景深越大。一只超广角镜头几乎在所有的光圈下都有极大的景深。一只长焦镜头即使在最小光圈的情况下，景深范围也会非常有限。一些单镜头反光照相机都有景深预测按钮，所以在按下快门之前就可以预测到景深的情况。

(3) 拍摄距离

拍摄距离越远，景深越大；距离越近，景深越小。拍摄一般场景时，景深大都以米来计算；

拍摄特写时，景深往往以厘米来计算：当用微距镜头或者用便携式数码照相机的微距模式做近摄时，景深常常会以毫米计算。可见摄距越近，景深也越短。在利用长焦镜头和大光圈的前提下，如希望再缩短景深，应在不影响构图前提下缩短摄距，如以较短焦距配合小光圈做微距近摄仍然希望增加景深，可稍微退后延长摄距来增加景深。

1.7 快门

　　快门的基本作用有两个：①控制曝光时间的长短；②控制运动物体的清晰度。通过调节快门速度以适应不同拍摄环境的要求和达到特殊画面的效果，如图 1-35 所示。

(a)   (b)

图　1-35

1.7.1　认识快门

　　快门是用于控制感光元件或胶片曝光时间的机械装置，如图 1-35 (a) 所示。设定好快门速度后，只要按下照相机的快门释放按钮，照相机会在快门开启与闭合的时间内，让通过镜头的光线在照相机内的感光元件或胶片获得正确的曝光。

　　快门速度单位名称是"秒"。专业 135 照相机的最高快门速度达到 1/16 000 s。常见的快门速度有：1 s、1/2 s、1/4 s、1/8 s、1/15 s、1/30 s、1/60 s、1/125 s、1/250 s、1/500 s、1/1 000、1/2 000 s 等。相邻两级的快门速度的曝光量相差 1 倍，即常说相差 1 级。如 1/60 s 比 1/125 s 的曝光量多 1 倍，即 1/60 s 比 1/125 s 速度慢 1 级或低 1 级。1/60 s 的曝光量是 1/125 s 曝光量的 2 倍。

　　照相机的快门速度本来只是控制曝光量的手段之一，但如果应用得当，也可以成为达到特殊摄影效果的"秘密工具"。所以，"快门优先"的设置与应用也是摄影的最基本技能之一。如果要拍摄运动的场景，快门速度需要快一些还是慢一些不是绝对的，关键是看要表现什么创意。如果被拍摄的对象正在进行一连串快速的动作，要表现其动感，就可以选择降低快门速度的方法进行拍摄。因为太快的快门速度只能拍摄一瞬间静止的动作，就像电影电视中的定格，反映不出那种动态的感觉。但是，定格也是一种美。如果把连续运动的物体定格为一个个优美的画面，也不失为好的照片。

　　高速度快门的设定适用于抓拍动态物体。在抓拍快速运动中的人物时，建议手持照相机对被摄主体进行同方向平稳跟踪，使被拍摄主体始终处于画面中的最佳位置。同时，保持"半按快门"状态，以便在最佳时机及时按下快门。

1.7.2　快门在拍摄过程中的作用

　　快门除了控制曝光时间的长短、控制运动物体的清晰度之外，在使用闪光灯拍摄时，通过调整快门速度可以起到改变背景亮度的作用，在被摄物体亮度不变的情况下，慢速快门可以使背景变得较为明亮，而高速快门则可以使背景变得较为昏暗。

(1) 慢速快门的运用

通常把曝光时间长于 1/60 s 的快门速度称为慢速快门，例如 1/30 s、1/15 s、1/8 s、1/4 s、1/2 s、1 s、2 s、4 s、8 s、15 s、30 s、60 s 等都属于慢速快门。其特征如下。

① 光线昏暗时，一般只能采用慢速快门。

② 慢速快门可以使运动物体得到虚化。

拍摄流水的时候若想使小溪或者瀑布在画面上显得更柔媚一些，则建议采用慢速快门拍摄，效果如图 1-36 所示。通常来说，1/4 s 到 30 s 是拍摄流水的最佳快门速度。但是在拍摄时一定要尝试用 1/4 s、1/2 s、1 s、2 s、4 s、8 s、15 s、30 s 分别拍摄流水，这样才有可能挑选出一张效果最好的照片。用慢速快门拍摄时一定要用三脚架。

图　1-36

(2) 中速快门的运用

通常将 1/60 s 至 1/250 s 之间的快门速度称为中速快门。要判断一张照片是否采用中速快门速度拍摄，只需要如下两点即可大致判断出来。

① 在晴天拍摄风景，所采用的快门大多是中速快门，如图 1-37 所示。

② 在拍摄运动物体时，若想追求虚实结合的拍摄效果，也需要采用中速快门。

1/125 s 是清晰凝固运动物体的最低快门速度。

图　1-37

(3) 高速快门的运用

1/250 s 以及更快的快门速度称为高速快门，例如 1/500 s、1/1 000 s、1/2 000 s、1/4 000 s、1/8 000 s 等。使用高速快门可以清晰地凝固高速运动物体。例如，飞翔的鸟儿、奔驰的骏马、疾驰的赛车等，如图 1-35（b）所示。不过当对于大多数运动景物来说，当快门速度高于 1/1 000 s 时，无论采用 1/2 000 s 或者 1/8 000 s，其清晰度基本没有太大区别。

(4) B 门的运用

在数码单反照相机上可以设置的最长曝光时间一般只有 60 s，如果想获得比 60 s 还要长的曝光时间，就必须使用 B 门。采用 B 门拍摄时，由摄影师自己控制曝光时间，按下快门按键时开始曝光，松开快门键后结束曝光，在曝光的整个过程中都要一直用手按住快门按键。B 门允许将曝光时间延长至数分钟甚至几小时，这对于在光线昏暗的场合拍摄风景是非常有用的，如图 1-38 所示。

图　1-38

1.8 光圈

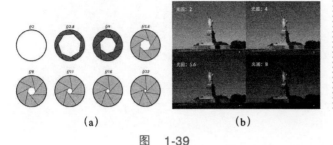

（a）　　　　　　　　（b）

光圈用来控制拍摄过程中光线进入的多少，光圈的数值越大，光圈越小。光圈还可用来控制景深，光圈越大景深越小，光圈越小景深越大，如图 1-39 所示。

图　1-39

1.8.1 认识光圈

光圈是用来控制光线透过镜头、进入机身内感光面的光量的装置，它通常是在镜头内。对于已经制造好的镜头，不可能随意改变镜头的直径，但是可以通过在镜头内部加入多边形或者圆形，以及面积可变的孔状光栅来达到控制镜头通光量，这个装置即是光圈。

光圈（Aperture）是镜头的一个极其重要的指标参数。它的大小决定着通过镜头进入感光元件的光线的多少。表达光圈大小是用 F 值。

F= 镜头的焦距 / 镜头的有效口径的直径

光圈 F 值 = 镜头的焦距 / 镜头光圈的直径

从以上公式可知要达到相同的光圈 F 值，长焦距镜头的口径要比短焦距镜头的口径大。

完整的光圈值系列如下：F1.0、F1.4、F2.0、F2.8、F4.0、F5.6、F8.0、F11、F16、F22、F32、F45、F64，光圈 F 值越小，通光孔径越大［见图 1-39（a）］，在同一单位时间内的进光量便越多，而且上一级的进光量刚好是下一级的两倍，例如，光圈从 F8 调整到 F5.6，进光量便多一倍，即光圈开大了一级。F5.6 的通光量是 F8 的两倍。同理，F2 是 F8 通光量的 16 倍，从 F8 调整到 F2，光圈开大了四级。对于消费型数码照相机而言，光圈 F 值常常介于 F2.8 ～ F11。

此外许多数码照相机在调整光圈时，可以做 1/3 级的调整。光圈的作用在于决定镜头的进光量，光圈越大，进光量越多；反之，则越小。简单地说，在快门速度（曝光速度）不变的情况下，光圈 F 数值越小光圈越大，进光量越多，画面比较亮；光圈 F 数值越大光圈越小，画面比较暗。

高端数码照相机除了提供全自动（Auto）模式，通常还会有光圈优先（Aperture Priority）、快门优先（Shutter Priority）两种选项，用户在某些场合可以先决定某光圈值或某快门值，然后分别搭配适合的快门或光圈，以呈现画面不同的景深（锐利度）或效果。

光圈优先模式是用户先自行决定光圈 F 值后，照相机测光系统依当时光线的情形，自动选择适当的快门速度（可为精确无段式的快门速度）来配合。设有曝光模式转盘的数码照相机，通常都会在转盘上刻上 "A" 来代表光圈优先模式。光圈优先模式适合于重视景深效果的摄影。由于数码照相机的焦距比传统照相机的焦距短很多，从而镜头的口径开度小，故很难产生较窄的景深。有些数码照相机会有特别的人像曝光模式，利用内置程序与大光圈令前景及后景模糊。

1.8.2 光圈在拍摄过程中的作用

光圈在摄影实践中的作用有三点。

（1）控制曝光量

控制曝光量是光圈的基本作用。光圈调大，进光照度增大；光圈调小，进光照度减少。它与快门的配合解决曝光量的需要，如图 1-39（b）所示。

（2）控制景深的大小

控制景深的大小是光圈的重要作用。灵活运用景深是摄影常用的重要技术之一。景深大，即景物这种纵深距离大；景深小，景物这种纵深距离小，如图 1-40 所示。由此，在拍摄大场面的照片时，为了使整个画面都比较清晰，可以使镜头光圈口径开小一些，使用短焦镜头，离被摄场面应远一些。反之，拍摄景深的主体时，采用大光圈、缩短摄距、使用长焦镜头，获取尽可能短的景深效果，但调焦要十分严格，否则，会造成景物脱离景深范围。

图 1-40

（3）影响成像质量

影响成像质量是光圈易被忽略的作用。任何照相机的镜头，都有某一挡的成像质量是最好的，即受各种像差影响最小，这挡光圈称"最佳光圈"。一般它位于该镜头最大光圈缩小 2~3 挡处。

1.9 Photoshop 中常用照片处理工具

1.9.1 选取工具

Photoshop 中的选取工具，可以分为三大类，根据不同的类型使用不同的工具进行快速选取，提高作图效率。

1. 选框工具

选框工具有 4 种形状范围：矩形、椭圆、单行和单列选框工具，如图 1-41 所示。

图 1-41

在工具框中选中"消除锯齿"复选框后，选区就有了消除锯齿的功能。还可以设定"羽化"效果，工具栏中的"样式"只适合矩形和椭圆，按住 Shift 键再使用矩形和椭圆选框工具后，就可以选择正方形或圆形区域。

2. 套索工具

（1）套索工具

选中套索工具，如图 1-42 所示，移动鼠标指针到图像窗口，按住鼠标左键，然后拖动鼠标按选取需要选定范围，当鼠标指针回到起点时释放鼠标。

若选取的线没有回到起点，Photoshop 会自动封闭。选取过程中，按 Delete 键可以删除部分选取内容；按 Esc 键取消全部选区。

图　1-42

⑵ 多边形套索工具

用多边形套索工具可以选择不规则形状的多边形。

在工具箱中选中多边形套索工具，单击选取起点，移动鼠标，在每一个转折点单击，最后回到起点。在选取过程中，按 Esc 键取消全部选区。按 Shift 键可以水平、垂直、45°角方向选取，按 Alt 键可以切换为磁性套索工具。

⑶ 磁性套索工具

在工具箱中选中磁性套索工具，单击选取起点，沿着要选取物体的边缘移动鼠标指针，直到回到起点。在工具栏上还可以设置

1.9.2　调色工具

Photoshop 中的调色工具，可以在导航栏执行"图像"→"调整"命令找到。

此外，也可以单击图层面板的按钮调出常用的调色工具。

1. 色相／饱和度

顾名思义，色相／饱和度是一个用于调整图像色相及饱和度的工具，如图 1-44 所示。

图　1-44

相关参数。

3. 魔棒工具

魔棒工具，如图 1-43 所示能够选择颜色相同或相近的区域。

图　1-43

在工具栏上可设置容差，容差值越小，颜色越近似，选取的范围就越小。还可以在工具栏设置消除锯齿、连续、对所有图层取样。

魔棒工具在选择只含有几种颜色的图像时最有效，选取文字时配合反选命令就可以轻松实现文字的选取。

色相是调整图片的色相，可以用于改变图片的色彩。饱和度是控制图像颜色的浓淡程度，可以让图片变得更加鲜艳或是变成灰色调。明度就是亮度，假如把明度调至最低会获得黑色，调至最高会获得白色。

在设置框右下角还有"着色"选项，它的作用是把画面改成同一种色彩的效果。色相／饱和度上方可以选择全图及单个颜色，分别针对全图及单个颜色进行调整。

2. 色彩平衡

色彩平衡是一个操作直观方便的颜色调节工具，如图 1-45 所示。在色调选项中，把图像笼统地分为暗调、中间调与高光 3 个色调，每个色调可执行独立的颜色调节。

图 1-45

3. 色阶

色阶也属于 Photoshop 的基础调节工具，打开色阶工具会出现一个色阶图，如图 1-46 所示。色阶图根据图像中每个亮度值（0~255）处的像素点的多少进行区分。右面的白色三角滑块控制图像的深色部分，左面的黑色三角滑块控制图像的浅色部分，中间的灰色三角滑块则控制图像的中间色。

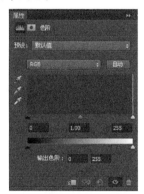

图 1-46

移动滑块可以使通道中（被选通道）最暗和最亮的像素分别转变为黑色和白色，以调整图像的色调范围，因此可以利用它调整图像的对比度：左边的黑色三角滑块用来调整图像中暗部的对比度，右边的白色三角滑块用来调整图像中亮部的对比度。左边的黑色滑块向右移，图像颜色变深，对比变弱（右边的白色滑块向左移，图像颜色变浅，对比也会变弱）。两个滑块各自处于色阶图两端则表示亮部和暗部。

至于中间的灰色三角滑块，它控制着

Gamma 值，Gamma 值用来衡量图像中间调的对比度。改变 Gamma 值可改变图像中间调的亮度值，但不会对暗部和亮部有太大的影响。将灰色三角滑块向右移动，可以使中间调变暗，向左移动可使中间调变亮。输入色阶对话框中的数据即代表中间调的数值。

4. 曝光度

曝光度是用来控制图片的色调强弱的工具，与摄影中的曝光度有点类似，曝光时间越长，照片就会越亮。

曝光度设置面板有三个选项可以调节：曝光度、位移、灰度系数校正，如图 1-47 所示。

图 1-47

曝光度用来调节图片的光感强弱，数值越大图片会越亮。位移用来调节图片中灰度数值，也就是中间调的明暗。灰度系数校正是用来减淡或加深图片灰色部分，可以消除图片的灰暗区域，增强画面的清晰度。

5. 曲线

曲线是 Photoshop 中调整颜色最重要的工具之一。执行"图像"→"调整"→"曲线"命令（快捷键 Ctrl+M），弹出"曲线"属性面板，如图 1-48 所示。在"曲线"面板中直线的两个端点分别表示图像的高光区域和暗调区域，直线的其余部分统称为中间调。

两个端点可以分别调整，其结果是暗调或高光部分加亮或减暗。而改变中间调可以使图像整体加亮或减暗（在线条中单击即可产生拖动点），但是明暗对比没有改变，同时色彩的饱和度也增加，可以用来模拟自然环境光强弱的效果。

图　1-48

另外曲线上方也有下拉列表框，可以选择针对单独的颜色通道进行调整，因此也可以进行色彩的调整。

6. 可选颜色

用可选颜色进行调整前首先要指定一个选择范围，所做的调整只对范围内的像素有效，如图 1-49 所示。

图　1-49

可选颜色范围分为三组：

以 RGB 三原色来划分：红色、绿色、蓝色。

以三原色的补色 CMY 来划分：黄色、青色、洋红。

以整体的亮度来划分：白色、黑色、中性色。

当选定一个范围后，可以拖动滑块，分别改变这个范围内像素的三原色数值进行调整。

除此之外，还有其他一些调色工具，如去色、反相、照片滤镜等。

1.9.3　修复工具

（1）污点画笔修复工具

污点画笔修复工具可以直接单击需要修复的地方。工具组如图 1-50 所示。

（2）修复画笔工具

按 Alt 键吸取点源，然后进行修复。

（3）修补工具

修补工具适合修补大面积的瑕疵或草地上的瑕疵。

（4）红眼工具

红眼工具可以修复数码照片上的红眼。

（5）仿制图章工具

仿制图章工具可以复制图像一部分或者全部到目标区域。

（6）图案图章工具

图案图章工具用于图案绘画。可以从图案库中选择图案或者使用自己创建的图案。

（7）笔刷

设定笔刷的大小及形状，由于笔刷会影响刷出来的效果，所以要慎选适合的笔刷。

（提示：主要直径就是笔刷的大小，而硬度就是笔刷边缘的柔化效果）。

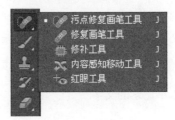

图　1-50

1.9.4 文字工具

1. 输入文字的工具

输入文字的工具位于文字工具组内,选择工具箱中的文字工具组,如图 1-51 所示,右击即可看到 Photoshop CS6 提供的 4 种文字输入工具,各工具的作用分别如下。

图 1-51

（1）横排文字工具

横排文字工具在图像文件中创建水平文字并建立新的文字图层。

（2）直排文字工具

直排文字工具在图像文件中创建垂直文字并建立新的文字图层。

（3）横排文字蒙版工具

横排文字蒙版工具在图像文件创建水平文字形状的选区,但在图层面板中不建立新的图层。

（4）直排文字蒙版工具

直排文字蒙版工具在图像文件中创建垂直文字形状的选区,但在图层面板中不建立新的图层。

2. 文本工具的工作属性栏

选择相应的文字工具后,将显示图 1-52 所示的文本工具的属性栏。

图 1-52

其中各项含义如下:

（1）"更改文本方向"按钮

单击该按钮,可以在横排文字和直排文字间进行切换,如果在已输入文字的情况下单击,则可将水平显示的文字转换成垂直方向显示。

（2）"设置字体系列"下拉列表框

单击其右侧的下拉按钮,在弹出的下拉列表框中选择所需字体（如宋体）。

（3）"设置字体样式"下拉列表框

"设置字体样式"用来设置字体,只有当选择某些具有该属性的字体后,该下拉列表框才被激活,包括 Regular（规则字体）、Italic（斜体）、Bold（粗体）和 Bold Italic（粗斜体）4 个选项。

（4）"设置字体大小"下拉列表框

单击其右侧的下拉按钮,在弹出的下拉列表中可选择所需的字体大小,也可直接在该数值框中输入数值,值越大,文字越大,如图 1-53 所示。

图 1-53

（5）"设置消除锯齿的方法"下拉列表框

该下拉列表框用来设置消除文字锯齿的功能,保持默认设置即可。

（6）对齐方式按钮组

该按钮组用来设置文字对齐方式。文字横排时从左至右分别为左对齐、居中和右对齐,如图 1-54 所示;当文字为直排时,3 个按钮从左到右分别为顶对齐、居中和底对齐。

图 1-54

（7）"设置文本颜色"按钮

该按钮同来设置文字的颜色,单击可以打开"选择文本颜色"对话框,从中可以选择文字颜色。

（8）"创建文字变形"按钮

单击该按钮,弹出"变形文字"对话框,在其中为输入的文字增加变形属性。

（9）"显示 / 隐藏字符和段落"面板按钮

单击该按钮可以显示或隐藏"字符"和"段落"面板,用于调整输入文字格式和段落格式。

第2章

千里之行，始于足下——数码照片处理基本技法

2.1 【案例1】调整照片的尺寸

（a）调整前

（b）调整后

图 2-1

照片尺寸命令是图像处理中调整文件分辨率一项重要技术，通过调整图像大小可以调整图片的大小、清晰度，如图 2-1 所示。

【案例 1.1】 调整照片尺寸

▶ **操作步骤**

（1）打开照片

执行"文件"→"打开"命令，弹出"打开"对话框，选择本案例的图像文件，此时的图像效果如图 2-1（a）所示，图层面板如图 2-2 所示。

（2）设置图像信息

如图 2-3 所示，单击状态栏中的三角按钮，然后选择"文档大小"。

图 2-2

图　2-3

（3）设置图像的尺寸大小

执行"图像"→"图像大小"命令，如图 2-4 所示。

（4）设置图像大小属性

在"图像大小"对话框中设置分辨率和图像大小的参数，如图 2-5 所示。

（5）完成

完成效果如图 2-1（b）所示。

图　2-4

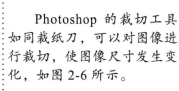

图　2-5

【案例 1.2】　裁剪数码照片

（a）裁剪前

（b）裁剪后

图　2-6

> Photoshop 的裁切工具如同裁纸刀，可以对图像进行裁切，使图像尺寸发生变化，如图 2-6 所示。

▶ 操作步骤

（1）打开照片

执行"文件"→"打开"命令，弹出"打开"对话框，选择本案例的图像文件，此时的图像效果如图 2-6（a）所示，图层面板如图 2-7 所示。

图　2-7

（2）选择裁切工具

选择工具栏中的"裁切工具"，如图 2-8 所示。

技巧提示

关闭重定图像像素后，Photoshop 会按照相同比例调整图像的宽度和高度，并且照片的质量不会降低。但是请注意，对于扫描仪扫描出的照片则不要关闭重定图像像素，因为它们本身就是高分辨的照片。关闭重定图像像素仅适用于数码照相机拍摄的照片。

（3）设置要裁切图像的效果

可以按住左键拖动裁切框的四个角，调整框选区域范围，如图 2-9 所示。

图 2-8　　　　图 2-9

（4）完成

双击框里面的任意地方完成裁切，最终效果如图 2-6（b）所示。

知识拓展

使用 Photoshop 快速批量修改照片大小的方法为：

（1）前期准备

在图片所在文件夹里添加一个文件夹，命名为"处理照片文件夹"，用来存放处理后的图片文件，这样就不会改变原始文件。

（2）在 Photoshop 里进行批量处理设置

① 在 Photoshop 里打开要处理的图片文件，然后单击"窗口"菜单，打开"动作"面板。

提示：如果原始图片的构图、色彩不够理想，可先对原始图片进行裁剪、色彩校正后再进行动作设置。

② 单击"动作"面板右上角的三角形按钮，在弹出的菜单中选择"新动作"命令。

③ 在"新动作"对话框里为新的动作设置名称和快捷键。然后单击"记录"按钮，"动作"面板下方的"开始记录"圆形按钮将变成红色按下状态，Photoshop 将记录下这一过程的每个动作设置。

调整图片大小，右击欲编辑的图片，在弹出的快捷菜单中选择"图像大小"命令，弹出"图像大小"对话框，在其中进行相应设置。

2.2　【案例 2】调整倾斜的照片

【案例 2.1】　旋转倒置的照片

（a）修饰前　　　　　（b）修饰后

图　2-10

倒置画面的思路：利用画布的旋转，使你在生活中不小心拍倒的照片快速修复正常，如图 2-10 所示。

操作步骤

（1）打开照片

执行"文件"→"打开"命令，弹出"打开"对话框，选择本案例的图像文件，此时的图像效果如图 2-10（a）所示，图层面板如图 2-11 所示。

图　2-11

（2）垂直旋转

执行"图像"→"图像旋转"→"垂直翻转画布"命令，将图片进行旋转，如图 2-12 所示。

图　2-12

（3）完成

效果图如图 2-10（b）所示。

【案例 2.2】　扶正倾斜的照片

（a）修饰前　　　　　（b）修饰后

图　2-13

裁切工具可以轻松处理照片倾斜，让倾斜照片立起来，如图 2-13 所示。

▶ 操作步骤

(1) 打开照片

执行"文件"→"打开"命令，弹出"打开"对话框，选择本案例的图像文件，此时的图像效果如图 2-13(a)所示，图层面板如图 2-14 所示。

图　2-14

技巧提示

利用倒置，可以做出倒影字效果。

(2) 选择"裁切工具"

"裁切工具"见图 2-8。

(3) 设置要裁切图像的效果

单击图像四个角的任意一角，按住鼠标拖动，旋转到照片中人物不倾斜为止，松开鼠标即可。

(4) 完成

最终调整效果如图 2-13（b）所示。

技巧提示

裁切图像的大小可以根据画面来随意框选裁切，但是如果需要处理图片较多，又需要大小尺寸相同，可以通过设定裁切工具的高度、宽度、分辨率来完成，这样调好的图像尺寸相同。

知识拓展

使用 Photoshop CS6 的新功能"镜头校正"也可以对倾斜的照片进行相应调整。

2.3 【案例 3】调整数码照片的色调和明暗度

【案例 3.1】 校正曝光不足 / 曝光过度的照片

（a）修饰前

（b）修饰后

图　2-15

图像调整下的工具都是相通的，可以配合使用，阴影 / 高光和曲线可以调整曝光不足，如图 2-15 所示。

▶ 操作步骤

（1）打开照片

执行"文件"→"打开"命令，弹出"打开"对话框，选择本案例的图像文件，此时的图像效果如图 2-15(a) 所示，图层面板如图 2-16 所示。

（2）复制背景图层

把"背景"图层拖动到"新建图层"按钮上松开，复制"背景"图层，如图 2-17 所示。

图　2-16　　　　　图　2-17

技巧提示

处理照片时，一般先复制一层，防止把原图损坏。

（3）调整图像

执行"图像"→"调整"→"阴影 / 高光"命令［见图 2-18（a）］，弹出"阴影 / 高光"对话框，设置参数如图 2-18（b）所示。

（4）调整曲线

执行"图像"→"调整"→"曲线"命令（见图 2-19），根据显示效果设置面板参数。

技巧提示

曲线向下拉可以把图像调暗，这样可以修复曝光过度的照片。

（5）完成

调整曲线面板参数后，得到如图 2-15（b）所示的调整效果图。

知识拓展

曲线中横坐标代表颜色，纵坐标代表油墨（光线）量，向上拉是增加油墨（光线）量，向

下拉就是减少。油墨（光线）的增加会加深颜色，减少会减淡颜色，因此向上拉加深颜色，画面也因此变得更亮，过亮之后就会变白，反之减少，过暗之后就会变黑。

（a）

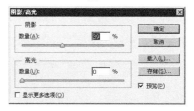

（b）

图　2-18

图　2-19

【案例 3.2】 校正明暗不均匀的照片

　　　(a) 修饰前　　　　　　　(b) 修饰后

图　 2-20

▶ 操作步骤

(1) 打开照片

执行"文件"→"打开"命令,弹出"打开"对话框,选择本案例的图像文件,此时的图像效果如图 2-20(a)所示,图层面板如图 2-21 所示。

(2) 复制背景图层

把"背景"图层拖动到"新建图层"按钮上松开,复制"背景"图层。如图 2-22 所示。

(a)

图　 2-21　　　　图　 2-22

技巧提示

复制图层快捷键:Ctrl+J。

(3) 调整色阶

执行"图像"→"调整"→"色阶"命令[见图 2-23(a)],调整其参数值如图 2-23(b)所示。

(b)

图　 2-23

知识拓展

Photoshop 中色阶在每个单色中共分 255级。如黑色和白色,黑色在色阶中的数值是(0,0,0)。白色在色阶中的数值是(255,255,255)。中间是灰色。

在色阶的色条下方有三个滑块。左边是调

黑度的，中间是调灰度的，右边是调白色色度的。调整左边的滑块往右拖动，画面的黑度增大，右边的滑块往中间拖动，白色色度增加。如果将黑色滑块和白色滑块合在一起，中间的灰度就没有了。左边是纯黑，右边是纯白，即中线左边的色阶全是（0,0,0）。右边的色阶全是（255,255,255）。

色阶对所有的色均起作用。

【案例 3.3】　校正偏色照片

（a）修饰前　　　　　　　（b）修饰后

在校正偏色照片时，最常用到的是"色相/饱和度""曲线""色彩平衡"命令，这些都是图像色彩处理中的重要技术，本节将用到"色彩平衡"命令，其调整效果如图 2-24 所示。

图　2-24

▶ **操作步骤** 〰〰〰〰〰〰〰〰〰〰〰〰〰〰〰〰〰〰〰〰〰〰〰〰

（1）打开照片

执行"文件"→"打开"命令，弹出"打开"对话框，选择本案例的图像文件，此时的图像效果如图 2-24（a）所示，图层面板如图 2-25 所示。

（2）复制背景图层

把"背景"图层拖动到"新建图层"按钮上松开，复制"背景"图层，如图 2-26 所示。

（a）

图　2-25　　　图　2-26

（3）调整色彩平衡

执行"图像"→"调整"→"色彩平衡"命令［见图 2-27（a）］，设置其参数值如图 2-27（b）～图 2-27（d）所示。

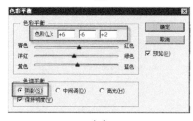

（b）

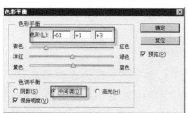

（c）

图　2-27

（d）

图　2-27（续）

【案例 3.4】 调整人物模糊的照片

（a）修饰前　　　　（b）修饰后

图　2-28

▶ **操作步骤**

（1）打开照片

执行"文件"→"打开"命令，弹出"打开"对话框，选择本案例的图像文件，此时的图像效果如图 2-28（a）所示，图层面板如图 2-29 所示。

图　2-29

知识拓展

使用色彩平衡调整图像的颜色时，根据颜色的补色原理，需要增加某个颜色时，就减少这种颜色补色。"色彩平衡"命令计算速度快，适合调整较大的图像文件。另外也可以尝试使

技巧提示

可以通过结合调整阴影、中间调、高光的色阶参数，来平衡图像的色彩，达到满意的调整效果。

（4）完成

设置完毕后单击"确定"按钮，即可得到如图 2-24（b）所示的效果。

> 本节将使用 USM 锐化滤镜来将模糊人物变清晰。其主要作用是改善图像边缘的清晰度，如图 2-28 所示。

用"色相／饱和度""曲线"等命令来调整该素材图像的颜色。

（2）复制背景图层

复制"背景"图层（快捷键 Ctrl+J），如图 2-30 所示。

图　2-30

（3）调整图像清晰度

执行"滤镜"→"锐化"→"USM 锐化"命令［见图 2-31（a）］，设置参数值如图 2-31（b）所示。

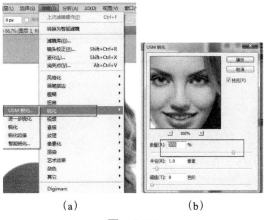

（a）　　　　　　　　（b）

图　2-31

（4）调整图像模式

执行"图像"→"模式"→"Lab 颜色"命令，然后单击"确定"按钮合并，如图 2-32 所示。

图　2-32

（5）选择通道

选择通道面板中的明度通道，如图 2-33 所示。

图　2-33

（6）调整图像清晰度

执行"滤镜"→"锐化"→"USM 锐化"命令［见图 2-34（a）］，调整参数值如图 2-34（b）所示。

（a）

（b）

图 2-34

技巧提示

执行"滤镜"→"其他"→"高反差保留"命令，也可以提高照片清晰度，比锐化的效果更自然。

（7）设置 RGB 模式

执行"图像"→"模式"→"RGB 颜色"命令，如图 2-35 所示。

图　2-35

（8）完成

完成效果如图 2-28（b）所示。

知识拓展

到底该如何选择适当的色彩模式呢？先来明确一下 RGB 与 CMYK 这两大色彩模式的区别：

① RGB 色彩模式是发光的，存在于屏幕等显示设备中。不存在于印刷品中。CMYK 色彩模式是反光的，需要外界辅助光源才能被感知，它是印刷品唯一的色彩模式。

② 色彩数量上 RGB 色域的颜色数比 CMYK 多出许多。但两者各有部分色彩是互相独立（即不可转换）的。

③ RGB 通道灰度图中偏白表示发光程度高；CMYK 通道灰度图中偏白表示油墨含量低。

两者各有部分色彩是互相独立（即不可转换）的。如图 2-36 中绿色大圆表示 RGB 色域，蓝色小圆表示 CMYK 色域。这一大一小表示 RGB 的色域范围（即色彩数量）要大于 CMYK。而在转换色彩模式后，只有位于混合区的颜色彩可以被保留，位于 RGB 特有区及 CMYK 特有区的颜色将丢失。

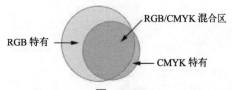

图　2-36

这意味着如果你用 RGB 模式去制作印刷用的图像，那么所用的某些色彩也许是无法被打印出来的。一般来说，RGB 中一些较为明亮的色彩无法被打印，如艳蓝色、亮绿色等。如果不做修改地直接印刷，印出来的颜色可能和原先有很大差异。

Lab 模式的调色原理：

Lab 模式有三个通道，一个是明度通道，另外两个是 a 和 b 通道。

明度通道就是亮度通道，对它进行调整颜色是不发生变化的。a 和 b 是颜色通道对其调整只有色彩变化（这样在调色时可以把明暗与色彩分开处理。）

其中 a 通道的色彩变化简单，即绿→灰→红，b 通道是黄→灰→蓝。

2.4 【案例 4】数码照片实用抠图技法

【案例 4.1】　使用磁性套索工具抽取简单图像

（a）抽取前

（b）抽取后

图　2-37

磁性套索工具似乎有磁力一样，不须按鼠标左键而直接移动鼠标，在工具头处会出现自动跟踪的线，这条线总是走向颜色与颜色边界处，边界越明显磁力越强，将首尾连接后可完成选择，一般用于颜色与颜色差别比较大的图像选择，如图 2-37 所示。

▶ 操作步骤

（1）打开照片

执行"文件"→"打开"命令，弹出"打开"对话框，选择本案例的图像文件，此时的图像效果如图 2-37(a)所示，图层面板如图 2-38 所示。

（2）复制背景图层

复制"背景"图层（快捷键 Ctrl+J），如图 2-39 所示。

图　2-38　　　　图　2-39

（3）选择磁性套索工具

选择磁性套索工具 [见图 2-40 （a）]，设置磁性套索工具属性，如图 2-40 （b）所示。

（a）

（b）

图　2-40

（4）抠出图像

把所需要选出的区域选择出来，所选择图像区域边缘就会出现蚂蚁线，如图 2-41 所示。

图　2-41

（5）新建图层

新建如图 2-42 所示图层。

图　2-42

（6）填充背景

按 Ctrl+Delete 组合键，填充淡紫色的背景色，或者也可以根据自己需要填充任意颜色或背景图案，如图 2-37 （b）所示。

▍技巧提示

新建图层快捷键为 Ctrl+Shift+N；填充前景色快捷键为 Alt+Delete；填充背景颜色快捷键为 Ctrl+Delete。

对于这种纯背景色的图，还可以使用魔棒工具快速抠取。

【案例 4.2】 使用钢笔工具细致抠取图像

（a）抽取前

（b）抽取后

图 2-43

钢笔工具是绘图软件中用来创造路径的工具，画出路径后，还可再编辑或转化为选区。本节将介绍如何使用钢笔工具细抠稍微复杂的图像，如图 2-43 所示。

▶ 操作步骤

（1）打开照片

执行"文件"→"打开"命令，弹出"打开"对话框，选择本案例的图像文件，此时的图像效果如图 2-43（a）所示，图层面板如图 2-44 所示。

（2）抠取图像

使用"钢笔工具"（见图 2-45）抠取图像。

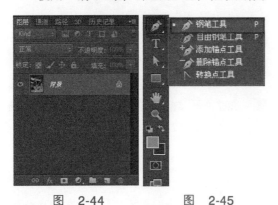

图 2-44　　　　图 2-45

技巧提示

按住 Ctrl 键可以移动描点，按住 Alt 键可以调整范围。要闭合路径，可将"钢笔工具"定位在第一个（空心）锚点上。如果放置的位置正确，钢笔工具指针旁将出现一个小圆圈。单击或拖动可闭合路径。

（3）生成选区

进入路径面板，单击面板的"将路径转换为选区"按钮，得到图 2-46 所示的选区范围。

图 2-46

（4）复制选区图像

进入图层面板，按快捷键 Ctrl+J 复制，得到图层 2，如图 2-47 所示。

（5）填充背景色

新建图层 3，填充颜色，并将该图层置于图层 2 下方，如图所 2-48 所示。

（6）完成

得到抠出的小兔子，效果如图 2-43（b）所示。

图　2-47　　　　　图　2-48

【案例 4.3】　使用蒙版功能快速抠图

（a）抠图前　　　　（b）抠图后

图　2-49

运用 Photoshop 的蒙版快速抠图的方法，将图像中的部分图像提取出来，抠图的完美性在于使用画笔与橡皮擦的精准性，因此，这种 Photoshop 蒙版快速抠图的方法不仅简单易操作，而且特别适合初学者，运用熟练后得心应手，如图 2-49 所示。

▶ **操作步骤**

（1）打开素材

执行"文件"→"打开"命令，弹出"打开"对话框，选择本案例的图像文件，此时的图像效果如图 2-49(a)所示，图层面板如图 2-50 所示。

知识拓展

绘制路径可使用钢笔工具组，绘制时如果出现错误，按一次 Delete 键可以删除最后一段路径，按两次 Delete 键可以清除整个工作路径。

按 Alt 键拖动方向点，可以改变线的方向；按 Alt 键单击锚点，则该锚点的方向线消失；在未出现方向线的锚点上按住 Alt 键拖动可出现方向线。

（2）复制背景图层

将"背景"图层拖动至图层面板下方的"创建新图层"按钮上，得到"图层 1"图层，如图 2-51 所示。

图　2-50　　　　　图　2-51

（3）新建图层

单击图层面板下方的"创建新图层"按钮，或者将该按钮用鼠标左键拖到图层面板上，如图 2-52 所示。

（4）填充颜色

填充颜色如图 2-53 所示。

图　2-52　　　　　　图　2-53

技巧提示

在抠图图层的下面建立一个填充颜色的图层，以方便查看抠出图像的效果。

（5）添加图层蒙版

添加图层蒙版，如图 2-54 所示。

（6）选择画笔工具

选择黑色画笔工具，对乌龟身体以外的其他部分进行涂抹，直到使照片中乌龟身体以外的部分全都透出填充图层颜色为止，如图 2-55 所示。

技巧提示

在蒙版中，使用黑色画笔涂抹可以遮住当前图层中的图像，从而显示图层面板下面一个

图层的图像，若使用白色画笔则效果相反。

图　2-54　　　　　　图　2-55

（7）完成

效果如图 2-49（b）所示。

知识拓展

Photoshop 蒙版是将不同灰度色值转化为不同的透明度，并作用到它所在的图层，使图层不同部位透明度产生相应的变化。黑色为完全透明，白色为完全不透明，如图 2-56 所示。

图　2-56

【案例 4.4】　使用通道精确抠取图像

（a）抠图前　　　　　　（b）抠图后

图　2-57

本节介绍基本选框、橡皮擦、路径等工具和蒙版、通道命令在抠图中的应用，配合可以抠取精细的图像，如图 2-57 所示。

▶ **操作步骤**

（1）打开照片

执行"文件"→"打开"命令，弹出"打开"对话框，选择本案例的图像文件，此时的图像效果如图 2-57(a)所示，图层面板如图 2-58 所示。

图　2-58

（2）复制背景图层

复制"背景"图层如图 2-59 所示。

图　2-59

（3）复制通道

复制通道如图 2-60 所示。

图　2-60

技巧提示

在通道面板中，选择红绿蓝三通道中黑白色对比度最强的那个通道进行复制。

（4）调整色阶

执行"图像"→"调整"→"色阶"命令〔见图 2-61（a）〕，并参考图 2-61（b）所示对话框中的参数值进行调整。

（a）

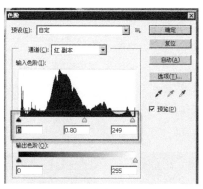

（b）

图　2-61

（5）调整反相

执行"图像"→"调整"→"反相"命令〔见图 2-62（a）〕，得到如图 2-62（b）所示的效果。

技巧提示

反相快捷键为 Ctrl+I，反相是因为通道对黑色不会产生选区，如果抠取头发，就要把头发反相成白色。

(a)

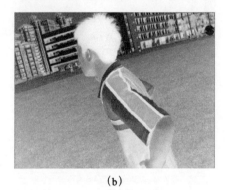

(b)

图　2-62

（6）把头发以外的颜色变成黑色

使用画笔工具将身体部分抹黑，再使用加深工具将头发边缘的白色加深，得到如图 2-63 所示的效果。

图　2-63

（7）得到头发选区

按住 Ctrl 键，单击副本通道，出现蚂蚁线选区，如图 2-64 所示。

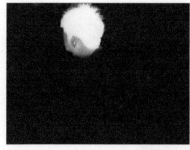

图　2-64

（8）调整图层

复制"图层 1"得到"图层 2"，并新建"图层 3"，如图 2-65（a）所示。将"图层 3"填充颜色，再按 Ctrl+J 组合键得到"图层 1 副本"，这时的图层面板如图 2-65（b）所示。

(a)　　　　　　(b)

图　2-65

（9）抠取身体部分

用钢笔工具把身体部分和头发部分抠取出来，绘制路径如图 2-66 所示。

图　2-66

（10）添加蒙版

把抠取部分转换为选区，添加蒙版，得到如图 2-67 所示的图层面板。

图　2-67

（11）完成

最后得到如图 2-57（b）所示的抠图效果，这样即可将头发准确抠取进来。

知识拓展

头发丝清晰无过多杂色且与背景颜色至少在单通道上区分明显时，适合使用通道抠图。

通道抠图需要在调整好图片模式、大小、分辨率的基础上，查看当前模式下对应的单色通道，如 RGB 模式就在通道面板（"窗口"→"通道"）中依次单击 R、G、B 分色通道，选择前景与背景颜色对比最大且整个前景完整的通道，拖动复制通道副本（不要在原通道上操作）。

然后利用调整色阶与对比，将前景与背景区分明显些，然后使用魔术棒调整合适大小的容差、取消选择"选区连续"复选框，在合适颜色浓度的地方单击，此时会产生抠图的选区（如果有多余或漏选区域，可使用加减选的方法修饰），当选区满意后，返回正常视图图层，观察选区是否满意后，添加图层蒙版即可。

第3章

还原自然之美——数码照片的修补

3.1 【案例1】构图不好，怎么办？照片处理中的"后悔药"

（a）修饰前 　　　　（b）修饰后

图　3-1

> 变形工具是利用网格中的点来对图像进行改变，通过各个点的调节使图像达到想要的效果。主要利用修改画面的角度，改变图像得到透视效果，如图3-1所示。

▶ **操作步骤**

（1）打开照片

执行"文件"→"打开"命令，弹出"打开"对话框，选择本案例的图像文件，此时的图像效果如图3-1（a）所示，图层面板如图3-2所示。

（2）复制背景图层

将"背景"图层拖动至图层面板的"创建新图层"按钮上，得到"背景 副本"图层，如图3-3所示。

图　3-2

图　3-3

（3）设置"变形"

对"背景 副本"执行"编辑"→"变换"→"变形"命令，如图 3-4 所示。

图　3-4

变换工具中还有斜切、扭曲、透视效果对图形进行改变，一般用作透视效果。

（4）完成

得到校正后图像如图 3-1（b）所示。

3.2 【案例2】妙手回春，让老照片重焕光彩

（a）修饰前

（b）修饰后

图 3-5

画笔修复工具使用前按 Alt 键选择参照区域，然后松开 Alt 键，单击需要修复的区域，如果参照区域和修复区色差大（就是太不一样）就会出现生硬的斑块，这时就需要用仿制图章工具来配合，用它在斑块的边缘按情况涂抹，直至斑块变得柔和协调，如图 3-5 所示。

▶ **操作步骤**

（1）打开照片

执行"文件"→"打开"命令，弹出"打开"对话框，选择本案例的图像文件，此时的图像效果如图 3-5（a）所示，图层面板如图 3-6 所示。

图　3-6

（2）复制背景图层

将"背景"图层拖动至图层面板的"创建新图层"按钮上，得到"背景 副本"图层，如图 3-7 所示。

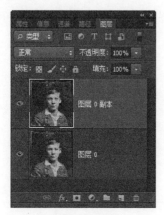

图　3-7

（3）选择污点修复工具

选择工具箱中的矩形工具，在图像中有污点和划痕处使用"污点修复画笔工具"，对污点进行修复，如图 3-8 所示。

图　3-8

（4）选择修复画笔工具

选择工具箱中的矩形工具，在图像破损处进行框选，选择"修补工具"，把选区拖动到完整的目标区域处进行修补，如图 3-9 所示。

图　3-9

图　3-9（续）

（5）修复图像破损处

重复步骤（4），将图像右下角破损处进行修补，如图 3-10 所示。

图　3-10

（6）选择仿制图章工具

将修复好破损处的图像进一步地修复，选择工具箱中的"仿制印章工具"，按 Alt+ 鼠标左键（执行后松开），对图像还未修复的地方进行修补。参数设置不透明度为 80%，流量为 100%，效果如图 3-11 所示。

图　3-11

（7）使用污点修复工具平滑背景

选择工具箱中"污点修复工具"对图像不平整的背景进行平滑处理，设置画笔大小为 25 像素，硬度为 100%。

最后单击图层面板下方的"创建新的填充

或调整图层"按钮为图像添加色阶调整图层，加强图像比对度，如图 3-12 所示。

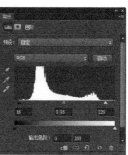

图　3-12

（8）完成

得到效果如图 3-5（b）所示。

3.3　【案例3】清除照片中的蒙尘与纹理

（a）修饰前　　　　　（b）修饰后

图　　3-13

蒙尘与划痕一般应用于人物脸部，将人物的脸部进行美白，与磨皮效果相似，通过对蒙尘与划痕的参数修改，再加上蒙版的利用，可以使图像达到最佳效果，如图 3-13 所示。

▶ 操作步骤

（1）打开照片

执行"文件"→"打开"命令，弹出"打开"对话框，选择本案例的图像文件，此时的图像效果如图 3-13(a)所示，图层面板如图 3-14 所示。

图　3-14

（2）复制背景图层

将"背景"图层拖动至图层面板的"创建新图层"按钮上，得到"背景 副本"图层，如图 3-15 所示。

图 3-15

（3）滤镜"蒙尘与划痕"

执行"滤镜"→"杂色"→"蒙尘与划痕"命令，弹出设置对话框设置参数，半径为 3，如图 3-16 所示。

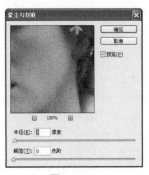

图 3-16

（4）创建图层蒙版

单击"背景 副本"，创建图层蒙版，填充黑色（快捷键 Alt+Delete），选择工具栏中的画笔工具，设置参数如图 3-17 所示，颜色为白色（快捷键 X），将人物进行涂抹，设置参数如图 3-18 所示。

图 3-17

图 3-18

（5）完成

得到效果图如下图 3-13（b）所示。

3.4 【案例 4】数码照片的降噪技术

（a）修饰前

（b）修饰后

图 3-19

USM 锐化中主要通过 3 个命令的参数设置达到锐化效果。数量：决定应用给图像的锐化量。半径：决定锐化处理将影响到边界之外的像素数。阈值：决定一个像素与在被当成一个边界像素并被滤镜锐化之前其周围区域必须具有的差别，如图 3-19 所示。

► 操作步骤

(1) 打开照片

执行"文件"→"打开"命令，弹出"打开"对话框，选择本案例的图像文件，此时的图像效果如图 3-19(a)所示，图层面板如图 3-20 所示。

图 3-20

(2) 复制背景图层

将"背景"图层拖动至图层面板的"创建新图层"按钮上，得到"背景 副本"图层，如图 3-21 所示。

图 3-21

(3) 滤镜"减少杂色"

执行"滤镜"→"杂色"→"减少杂色"命令，弹出"减少杂色"对话框，设置参数如图 3-22 所示。

(4) 滤镜"USM 锐化"

将"背景 副本"进行复制，得到"背景 副本 2"，执行"滤镜"→"锐化"→"USM 锐化"命令，弹出"USM 锐化"对话框，设置参数如图 3-23 所示。

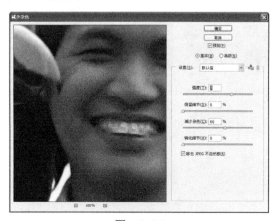

图 3-22

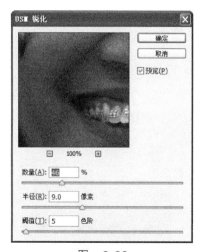

图 3-23

(5) 完成

得到效果如图 3-19（b）所示。

3.5 【案例5】对数码照片的锐化处理

（a）修饰前

（b）修饰后

图 3-24

"智能锐化"滤镜是将原有锐化滤镜阈值功能变成高级锐化选项，添加了图像高光、阴影的锐化。它能更有效地将图像清晰处理，如图 3-24 所示。

▶ 操作步骤

（1）打开照片

执行"文件"→"打开"命令，弹出"打开"对话框，选择本案例的图像文件，此时的图像效果如图 3-24(a)所示，图层面板如图 3-25 所示。

图 3-25

（2）复制背景图层

将"背景"图层拖动至图层面板的"创建新图层"按钮上，得到"背景 副本"图层，如图 3-26 所示。

（3）滤镜"智能锐化"

执行"滤镜"→"锐化"→"智能锐化"命令，弹出"智能锐化"对话框，设置参数如图 3-27 所示。

图 3-26

图 3-27

（4）添加蒙版

单击"背景 副本"，创建图层蒙版，填充黑色（快捷键 Alt+Delete），选择工具栏中的画笔工具，设置参数如图 3-28 所示，画笔颜色为白色(前景色为白色),对蒙版进行涂抹,如图 3-29 所示。

图　3-28

图　3-29

(5) 完成

得到效果如图 3-24 (b) 所示。

3.6 【案例 6】处理有均匀颗粒的粗糙照片

(a) 修饰前

(b) 修饰后

图　3-30

"计算"命令相当于 Photoshop 中的一个加法器,它的作用是把两个通道内的图像,进行叠加与通道栏和图层栏虽然看起来相似,但图层栏有一个重要的特点是有上下的层属关系,上下之间的叠合方式有很多种不同处理手法,如图 3-30 所示。

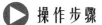 操作步骤

(1) 打开照片

执行"文件"→"打开"命令,弹出"打开"对话框,选择本案例的图像文件,此时的图像效果如图 3-30(a)所示,图层面板如图 3-31 所示。

(2) 复制背景图层

将"背景"图层拖动至图层面板的"创建新图层"按钮上,得到"背景 副本"图层,如图 3-32 所示。

图　3-31

图　3-32

（3）复制通道

单击通道面板，将"蓝"通道图层拖动至图层面板的"创建新图层"按钮上，得到"蓝副本"图层，如图 3-33 所示。

图 3-33

（4）滤镜"高反差保留"

单击"蓝 副本"通道，执行"滤镜"→"其他"→"高反差保留"命令，弹出"高反差保留"对话框，设置参数为 4.0，如图 3-34 所示。

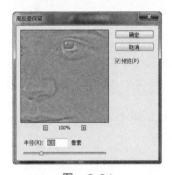

图 3-34

（5）通道计算

单击"蓝 副本"，执行"图像"→"计算"命令，如图 3-35 所示，弹出"计算"对话框，将混合模式设置为强光，得到"Alpha 1"通道，如图 3-36 所示。

图 3-35

图 3-36

（6）反相

单击"Alpha 1"图层建立选区（按住 Ctrl+ 鼠标左键），执行"图像"→"调整"→"反相"命令，效果如图 3-37 所示。

图 3-37

（7）创建曲线

单击图层面板的"创建新的填充或调整图层"按钮，在弹出的菜单中选择"曲线"选项，弹出"属性"面板，设置参数输入为 105；输出为 125，如图 3-38 所示。

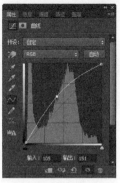

图 3-38

（8）盖印图层

单击"曲线 1"图层，将图层进行盖印（快

捷键 Ctrl+Shift+Alt+E），得到"图层 1"，如图 3-39
所示。

图　3-39

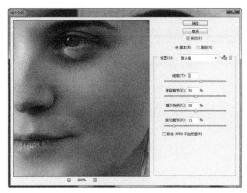

图　3-40

图　3-41

（9）减少杂色

单击"图层 1"图层，执行"滤镜"→"杂
色"→"减少杂色"命令，弹出"减少杂色"
对话框，设置参数如图 3-40 所示。

（10）盖印图层

单击"图层 1"图层，将图层进行盖印（快
捷键 Ctrl+Shift+Alt+E），得到"图层 2"，如图 3-41
所示。

（11）完成

得到的效果如图 3-30（b）所示。

3.7 【案例 7】去除夜景噪点

（a）修饰前

（b）修饰后

图　3-42

表面模糊能让近似的
颜色区域内模糊，但如果
两个颜色区域的颜色反差
很大，那么两种颜色的边
界仍然会保持相当的清晰
度，即颜色可以相容，但
依然保持清晰的边界，如
图 3-42 所示。

▶ 操作步骤

（1）打开照片

执行"文件"→"打开"命令，弹出"打
开"对话框，选择本案例的图像文件，此时的

图像效果如图 3-42(a)所示，图层面板如图 3-43
所示。

图 3-43

（2）复制背景图层

将"背景"图层拖动至图层面板的"创建新图层"按钮上，得到"背景 副本"图层，如图 3-44 所示。

图 3-44

（3）滤镜"表面模糊"

执行"滤镜"→"模糊"→"表面模糊"命令，弹出"表面模糊"对话框，设置参数如图 3-45 所示。

图 3-45

技巧提示

使用表面模糊后，可以执行"滤镜"→"其他"→"高反差保留"命令，设置参数为 1，可以使画面清晰一点，如图 3-46 所示。

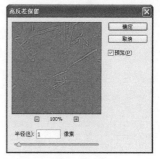

图 3-46

（4）完成

得到效果如图 3-42（b）所示。

3.8 【案例8】修复网纹照片

（a）修饰前

（b）修饰后

图 3-47

"线性光"通过减少或增加亮度，来使颜色加深或减淡。具体取决于混合色的数值。混合色数值比中性灰色暗的时候进行相应的加深混合；混合色的数值比中性灰色亮的时候进行减淡混合。这里的加深及减淡是线性加深或线性减淡，如图 3-47 所示。

▶ 操作步骤

(1) 打开照片

执行"文件"→"打开"命令,弹出"打开"对话框,选择本案例的图像文件,此时的图像效果如图 3-47(a)所示,图层面板如图 3-48 所示。

图 3-48

(2) 复制背景图层

将"背景"图层拖动至图层面板的"创建新图层"按钮上,得到"背景 副本"图层,如图 3-49 所示。

图 3-49

(3) 滤镜"高反差保留"

对"背景 副本"执行"滤镜"→"其他"→"高反差保留"命令,弹出"高反差保留"

对话框,设置参数为 0.5,如图 3-50 所示。

(4) 设置混合模式

将"背景 副本"混合模式设置为"线性光",执行"图像"→"调整"→"反相"命令,如图 3-51 所示。

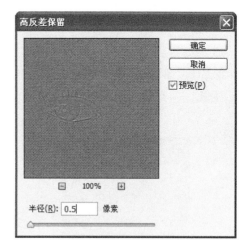

图 3-50

图 3-51

(5) 盖印图层

单击"背景 副本"进行盖印(快捷键 Ctrl+Shift+Alt+E),得到"图层 1",如图 3-52 所示。

图　3-52

(6) 复制图层

将盖印后图层拖动至图层面板的"创建新图层"按钮上，得到"图层1副本"图层，如图3-53所示。

图　3-53

(7) 滤镜"高反差保留"

执行"滤镜"→"其他"→"高反差保留"命令，弹出"高反差保留"对话框，设置参数为0.3，如图3-54所示。

图　3-54

(8) 设置混合模式

将"背景1副本"图层的混合模式设置为"线性光"，执行"图像"→"调整"→"反相"命令，如图3-55所示。

图　3-55

(9) 完成

将"图层1副本"图层进行盖印（快捷键Ctrl+Shift+Alt+E），得到"图层2"图层，如图3-56所示。效果如图3-47（b）所示。

图　3-56

技巧提示

线性光模式是根据绘图色通过增加或降低"亮度"，加深或减淡颜色。

如果绘图色比50%的灰亮，图像通过增加亮度被照亮，如果绘图色比50%的灰暗，图像通过降低亮度变暗。

3.9　【案例9】数码补光

（a）修饰前

（b）修饰后

图　3-57

使用渐变工具可以创造出多种渐变效果，使用时，首先选择好渐变方式和渐变色彩，在图像上单击起点，拖动后再单击选中终点，这样一个渐变就做好了，用拖动线段的长度和方向来控制渐变效果，如图3-57所示。

▶ **操作步骤**

（1）打开照片

执行"文件"→"打开"命令，弹出"打开"对话框，选择本案例的图像文件，此时的图像效果如图3-57（a）所示，图层面板如图3-58所示。

图　3-58

（2）复制背景图层

将"背景"图层拖动至图层面板的"创建新图层"按钮上，得到"背景 副本"图层，如图3-59所示。

图　3-59

（3）新建"纯色"调整图层

单击图层面板上的"创建新的填充或调整图层"按钮，在弹出的菜单中选择"纯色"选项，弹出"拾色器"对话框，填充白色，如图3-60所示。图层面板效果如图3-61所示。

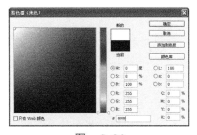

图　3-60

图　3-61

（4）渐变填充

选择工具栏中的"渐变工具"，在弹出的"渐变编辑器"窗口中选择默认渐变，单击"颜色填充1"蒙版进行水平渐变，如图3-62所示。将图层混合模式设置为"柔光"，图层面板效果如图3-63所示。

图 3-62

图 3-63

蒙版和渐变工具配合使用可以产生倒影的效果，通过对渐变工具的拉伸来达到最佳的效果。

（5）复制图层

将"颜色填充 1"图层进行复制得到"颜色填充 1 副本"，设置前景色黑色，将蒙版图层填充黑色（快捷键 Alt+Delete），设置不透明度为 62%，如图 3-64 所示。

图 3-64

（6）选择画笔工具

选择工具栏中的画笔工具，设置参数如图 3-65，将画笔不透明度设置为 62%，对图像人物脸部阴影进行涂抹，如图 3-66 所示。

 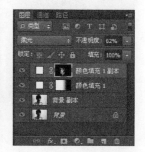

图 3-65   图 3-66

（7）完成

得到如图 3-57（b）效果。

知识拓展

渐变工具的任务栏包括：色彩、渐变工具、模式、不透明度、相反、仿色和透明区域。

1. 色彩：选择和编辑渐变的色彩。双击条状色彩会出现渐变编辑器对话框。

2. 渐变工具：包括 5 种。

线性渐变：从起点到终点做线状渐变。

径向渐变：从起点到终点做放射状渐变。

角度渐变：从起点到终点做逆时针渐变。

对称渐变：从起点到终点做对称直线渐变。

菱形渐变：从起点到终点做菱形渐变。

3. 模式：填充时的色彩混合方式。

4. 相反：调换渐变色的方向。

5. 仿色：勾选此项会使渐变更平滑。

6. 透明区域：只有勾选此项，不透明度的设定才会生效。

3.10　【案例 10】数码减光

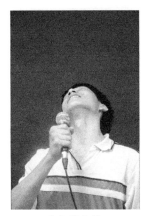

（a）修饰前

（b）修饰后

图　3-67

　　"色阶"命令可以调整图像的阴影、中间调和高光的关系，从而调整图像的色调范围或色彩平衡。色阶命令不是只能选择一次，每次应用色阶都会根据设置的数值做相应调整，所以处理图像的时候可以选择多次使用色阶调整，如图 3-67 所示。

▶ 操作步骤

（1）打开照片

执行"文件"→"打开"命令，弹出"打开"对话框，选择本案例的图像文件，此时的图像效果如图 3-67（a）所示，图层面板如图 3-68所示。

（2）复制背景图层

将"背景"图层拖动至图层面板的"创建新图层"按钮上，得到"背景 副本"图层，如图 3-69 所示。

图　3-70

图　3-68　　　图　3-69

（3）自动颜色及色阶调整

执行"图像"→"自动颜色"命令，对图像进行初步调整，如图 3-70 所示。

执行"图像"→"调整"→"色阶"命令，弹出"色阶"对话框，设置参数，如图 3-71 所示。

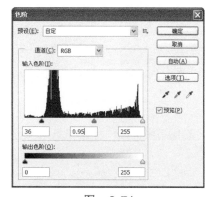

图　3-71

（4）完成

得到效果如图 3-67（b）所示。

3.11 【案例 11】 去除红眼

（a）修饰前

（b）修饰后

图 3-72

"红眼工具"使用红眼工具修复时经常会碰到这样的问题，影响范围比较大，扩大到眼睛以外。选择红眼工具，按住鼠标左键框选需要修复的区域，松开鼠标即可，如图 3-72 所示。

▶ 操作步骤

（1）打开照片

执行"文件"→"打开"命令，弹出"打开"对话框，选择本案例的图像文件，此时的图像效果如图 3-72（a）所示，图层面板如图 3-73 所示。

（2）复制背景图层

将"背景"图层拖动至图层面板的"创建新图层"按钮上，得到"背景 副本"图层。如图 3-74 所示。

图 3-73

图 3-74

（3）选择红眼工具

在工具箱中选择"红眼工具"，如图 3-75

所示。

技巧提示

选择"放大工具"，放大图像显示，添加一个"快速蒙版"进行编辑。

使用"画笔工具"沿眼珠描出区域。

（4）消除红眼

将"红眼工具"拖动至人物眼睛中单击，即可消除红眼，如图 3-76 所示。

图 3-75 　　　图 3-76

（5）完成

对人物的红眼消除完毕后得到的效果如图 3-72（b）所示。

第4章

我变，我变，我变变变——数码人像照片的修饰与美容技术

4.1 【案例1】打造迷人电眼

（a）修饰前

（b）修饰后

图 4-1

> 由于现在数码照相机的宽容度和对比度尚不能达到人眼视觉的程度，所以如果想让人像的眼睛足够清澈、美丽，适当运用 Photoshop 是必要的，如图 4-1 所示。

▶ **操作步骤**

（1）打开照片

执行"文件"→"打开"命令，弹出"打开"对话框，选择本案例的图像文件，此时的图像效果如图 4-1（a）所示，图层面板如图 4-2 所示。

图 4-2

（2）选择套索工具

右击工具箱的"套索工具"按钮，选择"多边形套索工具"后框选眼球部分，如图 4-3 所示。

图 4-3

（3）调整"色阶"

按 Shift+F6 组合键，设置羽化数值为 2，确定后，按 Ctrl+L 组合键调整色阶数值为 20、

1.00、210，如图 4-4 所示。

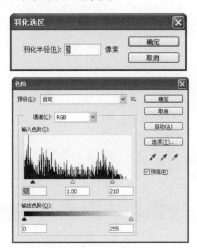

图　4-4

技巧提示

　　在"色阶"对话框中，将左右两个滑块分别向中间适当滑动。（原理解析：左边滑块控制图像暗部，向中间滑动可以提高暗部的"黑度"，即提高眼珠的黑度；相反，右边的滑块控制图像的亮部区域，向中间滑动可以提高高光的亮度，即让眼白看起来更"白"）这样，整个眼睛就会呈现出黑色眼珠更深沉，白色眼白和眼珠上的反光更明亮的效果。

　　（4）选择加深减淡工具

　　可以放大图片后用加深减淡工具来画眼线。使眼睛的对比度大些，如图 4-5 所示。

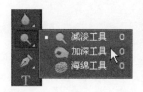

图　4-5

技巧提示

　　使用"加深工具"增加眼珠的黑度，并且使用"减淡工具"让眼白更加明亮。在涂抹过程中注意画笔的主直径，根据涂抹区域的大小随时将直径控制在一个合适的区间。

　　（5）完成

　　完成效果如图 4-1（b）所示。

知识拓展

　　PS 要注意"扬优"为先的原则，很多初学者在处理图片时往往过于关注脸上的一些瑕疵，比如痘痘、暗斑，简而言之是通过"减少瑕疵"来达到提升照片效果；而殊不知真正能从本质上大幅度提升照片效果的方向是"发掘亮点"。

4.2 【案例2】打造精致美鼻

（a）修饰前　　　　　　　　（b）修饰后

图　4-6

　　人物的鼻子如果修得更加窄小则更加精致美观。操作思路：先把要变化的部分单独地复制出来，然后变形，确定后把原来图片中多出的部分去掉，再整体修饰下细节即可，如图 4-6 所示。

▶ **操作步骤**

（1）打开照片

执行"文件"→"打开"命令，弹出"打开"对话框，选择本案例的图像文件，此时的图像效果如图 4-6（a）所示，图层面板如图 4-7 所示。

图 4-7

（2）复制背景图层

将"背景"图层拖动至图层面板的"创建新图层"按钮上，得到"背景 副本"图层，如图 4-8 所示。

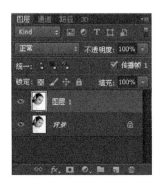

图 4-8

（3）选择套索工具截取修改部分

单击工具箱的"套索工具"按钮，如图 4-9 所示，框选出修改鼻子的范围，如图 4-10 所示。框选后按 Shift+F6 组合键，在弹出的对话框中设置羽化值为 5。

■ **技巧提示**

框选时我们可以放大图片来操作以便得到更好的效果图，如果鼻子与眼睛处比较难框选

我们就可以放大来操作。

图 4-9　　　　图 4-10

（4）修改框选部分

将框选羽化后的部分按 Ctrl+J 组合键，得到一个复制框选后的图层，如图 4-11 所示，然后选取图层按 Ctrl+T 组合键自由变换，再按 Shift+Ctrl+Alt 组合键修改框选部分的大小，如图 4-12 所示。

图 4-11

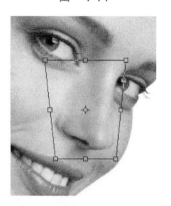

图 4-12

技巧提示

　　羽化值越大，虚化范围越宽，也就是说颜色递变越柔和。羽化值越小，虚化范围越窄。可根据实际情况进行调节。把羽化值设置小一些，反复羽化是羽化的一个技巧。

　　（5）选择仿制图章工具

　　单击工具箱的"仿制图章工具"按钮来修改鼻子的轮廓，如图 4-13 所示，按 Alt 键选取轮廓附近的纹理后把原来鼻子的轮廓仔细地拭擦掉，如图 4-14 所示。

 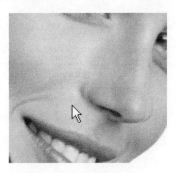

图　4-13　　　　图　4-14

　　（6）选择橡皮擦工具

　　单击工具箱的"橡皮擦工具"按钮来擦掉鼻梁上多余的部分，如图 4-15 所示。如果擦错可按 Ctrl+Alt+Z 组合键返回上一步操作。

图　4-15

　　（7）完成

　　如果还有未修改好的地方，参照上面方法仔细地修改即可，所示效果如图 4-6（b）所示。

知识拓展

　　羽化原理是令选区内外衔接的部分虚化。起到渐变的作用从而达到自然衔接的效果。在设计作图中使用很广泛。实际运用过程中具体的羽化值取决于经验。所以掌握这个常用工具的关键是经常练习。

4.3　【案例3】打造诱惑双唇

（a）修饰前　　　　（b）修饰后

图　4-16

　　观察图 4-16（a），这是一张没有彩妆修饰的照片，显得暗淡无奇，没有亮点。但是嘴唇是最突出的五官，可以通过给嘴唇放大上色来增加亮点，如图 4-16（b）所示。

▶ **操作步骤**

　　（1）打开照片

　　执行"文件"→"打开"命令，弹出"打开"对话框，选择本案例的图像文件，此时的图像效果如图 4-16（a），图层面板如图 4-17 所示。

图　4-17

（2）选择钢笔工具

单击工具箱的"钢笔工具"按钮，选取嘴唇的范围，如图 4-18 所示，选取后可按 Ctrl 键修改边缘的选取范围，如图 4-19 所示。在"路径"面板单击空白处隐藏路径。

图　4-18　　　　图　4-19

（3）对新建的空白图层调整

单击工具箱的"拾色器"按钮，设置"参数 K 为 50 的灰色后，按 Alt+Delete 组合键填充前景色，如图 4-20 所示。

图　4-20

（4）调整滤镜中的杂色

执行"滤镜"→"杂色"→"添加杂色"命令，修改"单色"数量值为 5，单击"确定"按钮，如图 4-21 所示。

图　4-21

（5）调整色阶

按 Ctrl+L 组合键，在弹出的对话框设置参数得到效果如图 4-22 所示。

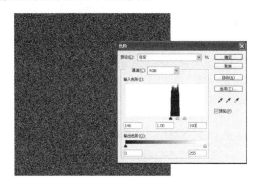

图　4-22

（6）设置图层混合模式

将图层混合模式设置为"颜色减淡"，透明度为 90%，如图 4-23 所示。

图　4-23

技巧提示

使用 Photoshop 丰富的图层混合模式可以创建各种特殊效果，使用混合模式只要选中要添加混合模式的图层，然后在图层面板的混合模式菜单中找到所要的效果。同时要注意，背景图层或锁定图层的不透明度是无法更改的。

（7）设置嘴唇效果

先在路径按 Ctrl 键后单击"嘴唇"路径，后在图层面板下方单击"添加矢量蒙版"按钮，得到效果如图 4-24 所示。

图　4-24

（8）设置嘴唇色彩

再一次选取路径后按 Ctrl+J 组合键复制出嘴唇，再按 Ctrl+B 组合键调整参数如图 4-25

所示，最后得到最终效果如图 4-16（b）所示。

图　4-25

知识拓展

图层混合模式决定当前图层中的像素与其下面图层中的像素以何种模式进行混合。使用图层混合模式可以创建各种图层特效，实现充满创意的平面设计作品。常见的图层混合模式有：溶解，变暗，正片叠底，颜色加深，线性加深，叠加，柔光，亮光，强光，线性光，点光，实色混合，差值，排除，色相，饱和度，颜色，亮度。

4.4 【案例 4】塑造完美肌肤

（a）修饰前

（b）修饰后

图　4-26

图 4-26（a）中的皮肤想要看起来光滑水嫩，需要从修复胸前肌肤和提亮肤色入手去细修，效果如图 4-26（b）所示。

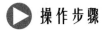 **操作步骤**

（1）打开照片

执行"文件"→"打开"命令，弹出"打开"对话框，选择本案例的图像文件，此时的

图像效果如图 4-26(a)所示，图层面板如图 4-27所示。

图　4-27

（2）分析原图问题

人物的胸口前有很多分散的雀斑（见图4-28），分析需要用到什么工具才可以更好地去除。

图　4-28

（3）选择工具

修复这类问题的可用工具有两种："污点修复画笔工具"和"仿制图章工具"，如图4-29所示。在这里选用"污点修复画笔工具"。

 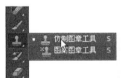

图　4-29

（4）去除雀斑

雀斑有大有小，如果想要效果需要去除时一点一点地去除，因为"污点修复画笔工具"在修复污点上发挥很好的效果，如图4-30所示。

技巧提示

污点修复画笔工具使用的时候只需要适当调节笔触的大小及在属性栏设置好相关属性。

然后在污点上面点一下就可以修复污点。如果污点较大，可以从边缘开始逐步修复。

图　4-30

（5）提亮肤色

用"套索工具"圈出颜色比较暗淡的皮肤，按 Shift+F6 组合键，在弹出的"曲线"对话框设置羽化值为7，这样可以确保皮肤颜色能够连接起来，不会有明显的修改痕迹，然后按 Ctrl+M 组合键调整曲线值输出为 134、输入为 109，如图 4-31 所示。

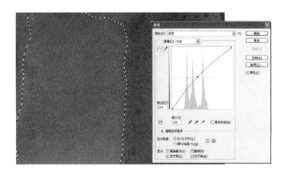

图　4-31

技巧提示

Photoshop 将图像的暗调、中间调和高光通过曲线这条线段来表达。注意曲线设置框右下角的"预览"选项需勾选。然后在线段上单击，会产生一个控制点，相应进行拖动调整，实时查看调整后的效果，直到达到满意效果为止。

（6）完成

图 4-26（b）是修改好的图像，可以整体提高肤色使得看上去皮肤更水嫩。

4.5 【案例5】打造美丽秀发

用 Photoshop 抽出滤镜可以给头发染上彩色渐变颜色，通过渐变结合图层混合模式可以实现，如图 4-32 所示。

(a) 修饰前   (b) 修饰后

图 4-32

▶ 操作步骤

(1) 打开照片

执行"文件"→"打开"命令，弹出"打开"对话框，选择本案例的图像文件，此时的图像效果如图 4-32 (a)，图层面板如图 4-33 所示。

图 4-33

(2) 选择快速选择工具

单击工具箱中的"快速选择工具"按钮，将主要的头发部分框选出来，如图 4-34 所示。

图 4-34

知识拓展

要去除皮肤上的痘痘、疤痕或者雀斑，可以使用图像修补工具、修复工具、仿制图章工具、选区工具、减淡工具等工具，使用其一或者结合使用。

(3) 选择调整边缘

单击"调整边缘"按钮后弹出"调整边缘"对话框，如图 4-35 所示。

(a)   (b)

图 4-35

技巧提示

"智能半径"的数值越大越适用于头发较散，发丝较多。"净化颜色"多用于调整发丝上附着的背景色。

（4）调整边缘参数值

在"调整边缘"对话框中选择"智能半径"复选框，设置像素为250，净化颜色为49%，羽化值为5，如图4-36所示。

图 4-36

（5）选择调整半径工具

单击"调整半径工具"选项，将头发缺失的部分画出来，也可用"抹除调整工具"来将多余的去掉。最后单击"确定"按钮，得到有蒙版的头发图层如图4-37所示。

图 4-37

（6）选择渐变工具

单击工具箱的"渐变工具"按钮后，修改前景色和背景色得到渐变色，再将其有蒙版的图层填充成想要的效果，如图4-38所示。

图 4-38

（7）调整图层混合模式

将变色后头发图层的混合模式选择为"柔光"，如图4-39所示。

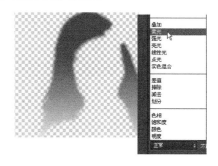

图 4-39

（8）调整头发细节

最后看到有的头发还没有选中变色的地方可以用画笔工具来修改蒙版，如图4-40所示。

图 4-40

（9）完成

设置完毕后单击"确定"按钮，即可得到效果如图4-32（b）所示。

4.6 【案例6】打造完美脸型

（a）修饰前

（b）修饰后

图 4-41

脸是人像摄影关注的中心。化妆师利用发饰和妆面修饰脸型，服装设计师利用服装和配饰美化脸型，摄影师利用光影来塑造完美脸型，后期设计师则是利用Photoshop中的液化工具修饰脸型。本节将介绍利用Photoshop液化工具对人物面部进行修饰、利用曲线工具为人物面部增加暗影效果，以美化人物的脸型，如图4-41所示。

▶ 操作步骤

（1）打开照片

执行"文件"→"打开"命令，弹出"打开"对话框，选择本案例的图像文件，此时的图像效果如图 4-41（a）所示，图层面板如图 4-42 所示。

图　4-42

技巧提示

对于很飘逸或者边缘很细碎的头发，可以使用抽出滤镜或通道的方法将头发区域选择出来。

（2）框选头部

用"矩形选框工具"框选出要修改的头部，如图 4-43 所示，在滤镜中选择"液化"，如图 4-44 所示。

图　4-43

图　4-44

（3）勾选 Advanced Mode

如果工具箱中没有冻结蒙版工具可选择"Advanced Mode"复选框后，界面就变得更全面了，如图 4-45 所示。

图　4-45

技巧提示

冻结蒙版工具是液化滤镜下的一个工具，使用冻结蒙版工具涂抹过的地方将会被保护起来，这样使用液化滤镜就不会对这些被保护的地方造成影响。如果发现涂错了，可以使用其下的解冻蒙板工具涂回来。

（4）选择"冻结蒙版工具"

单击"冻结蒙版工具"按钮，将头部冻结，如图 4-46 所示。

图　4-46

（5）使用解冻蒙版工具

单击"解冻蒙版工具"按钮，将脸颊的部分解冻，如图 4-47 所示。

图　4-47

（6）修改脸颊

单击"向前变形工具"按钮，仔细地修改脸颊，如图 4-48 所示。

图　4-48

技巧提示

这一步很重要，需要反复练习，对鼠标的控制要求很高，否则脸颊会出现凹凸不平的现象，在此操作过程中还要注意脸形的整体协调，切勿过度液化。

（7）完成

设置完毕后单击"确定"按钮，即可得到效果如图4-41（b）所示。

知识拓展

"液化"滤镜可以对图像作收缩、推拉、扭曲、旋转等变形处理。

滤镜的工具箱中包含了12种应用工具，其中包括向前变形工具、重建工具、顺时针旋转扭曲工具、褶皱工具、膨胀工具、左推工具、镜像工具、湍流工具、冻结蒙版工具、解冻蒙版工具、抓手工具以及缩放工具。下面分别对这些工具加以介绍。

向前变形工具：该工具可以移动图像中的像素，得到变形的效果。

重建工具：使用该工具在变形的区域单击或拖动鼠标进行涂抹，可以使变形区域的图像恢复到原始状态。

顺时针旋转扭曲工具：使用该工具在图像中单击或移动鼠标时，图像会被顺时针旋转扭曲；当按住Alt键单击时，图像则会被逆时针旋转扭曲。

褶皱工具：使用该工具在图像中单击或移动鼠标时，可以使像素向画笔中间区域的中心移动，使图像产生收缩的效果。

膨胀工具：使用该工具在图像中单击或移动鼠标时，可以使像素向画笔中心区域以外的方向移动，使图像产生膨胀的效果。

左推工具：该工具的使用可以使图像产生挤压变形的效果。使用该工具垂直向上拖动鼠标时，像素向左移动；向下拖动鼠标时，像素向右移动。当按住Alt键垂直向上拖动鼠标时，像素向右移动；向下拖动鼠标时，像素向左移动。若使用该工具围绕对象顺时针拖动鼠标，可增加其大小；若顺时针拖动鼠标，则减小其大小。

镜像工具：使用该工具在图像上拖动可以创建与描边方向垂直区域的影像的镜像，创建类似于水中的倒影效果。

湍流工具：使用该工具可以平滑地混杂像素，产生类似火焰、云彩、波浪等效果。

冻结蒙版工具：使用该工具可以在预览窗口绘制出冻结区域，在调整时，冻结区域内的图像不会受到变形工具的影响。

解冻蒙版工具：使用该工具涂抹冻结区域能够解除该区域的冻结。

抓手工具：放大图像的显示比例后，可使用该工具移动图像，以观察图像的不同区域。

缩放工具：使用该工具在预览区域中单击可放大图像的显示比例；按Alt键在该区域中单击，则会缩小图像的显示比例。

4.7 【案例7】轻松打磨快速美容

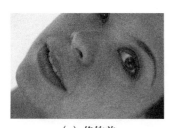

（a）修饰前

（b）修饰后

图 4-49

观察图4-49（a），发现模特的脸上有很多小斑点，细小的皱纹清晰可见，肤色也比较暗淡。可以先从细小的纹理修复开始，使皮肤变得光滑无暇，然后再来调整肤色，如图4-49所示。

▶ **操作步骤** //

（1）打开照片

执行"文件"→"打开"命令，弹出"打开"对话框，选择本案例的图像文件，此时的图像效果如图4-49（a）所示，图层面板如图4-50所示。

图　4-50

（2）修复污点

先将图层复制多一层，修改图层1中人物脸上的污点用"污点修复画笔工具"去除，如图4-51所示。

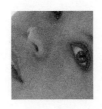

图　4-51

（3）调整高斯模糊

执行"滤镜"→"模糊"→"高斯模糊"命令，将人物模糊设置半径为5，如图4-52所示。

┃技巧提示┃

运用高斯模糊可以对整个脸蛋进行模糊，也可以视具体情况选取部分严重的区域进行模糊调整。

（4）擦去纹理

用"橡皮工具"将眼睛、鼻子、眉毛、嘴巴和一些重要的纹理擦去，模糊了的就只有脸部，如图4-53所示。

（5）调整曲线

先按 Shift+Ctrl+Alt+E 组合键将可见图层合并并新建图层，如图4-54所示，再按 Ctrl+M

组合键调整曲线，在 RGB 通道中调整参数值输出为 120、输入为 89，如图4-55所示。

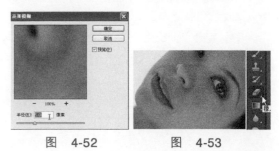

图　4-52　　　　图　4-53

图　4-54　　　　图　4-55

（6）调整通道

将通道切换到"红"数值，调整参数为输出为 106、输入为 94，如图4-56所示。

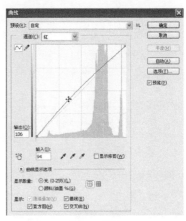

图　4-56

（7）完成

设置完毕后单击"确定"按钮，即可得到如图4-49（b）所示有红润肤色的图像。

4.8　【案例 8】打造时尚美下巴

（a）修饰前

（b）修饰后

图　4-57

理想的下巴约占整个脸长的六分之一，从侧面看，与眉心在同一垂直线上。有时不同的拍摄角度也会造成不同的下巴视觉效果，当看起来出现丰厚的双下巴时会显得脸有些胖，可以适当用 Photoshop 处理得美观些，如图 4-57 所示。

▶ 操作步骤

（1）打开照片

执行"文件"→"打开"命令，弹出"打开"对话框，选择本案例的图像文件，此时的图像效果如图 4-57（a）所示，图层面板如图 4-58 所示。

图　4-58

（2）框选出下巴

单击工具箱的"套索工具"按钮，将下巴框选出后按 Shift+F6 组合键，在弹出的"羽化选区"对话框中设置羽化值为 2，如图 4-59 所示。

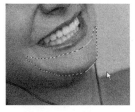

图　4-59

▌技巧提示

虽然使用磨皮可以解决人像面部的斑点问题，但是带来的影响也不小：尽管人物的皮肤变

得光洁亮丽，但是由于磨掉了皮肤的纹理，使其失去了质感，这样的皮肤给人不真实的感觉，人们经常说的磨皮磨成了橡皮娃娃，就是磨皮过度的结果。如果又要祛斑，又要保持皮肤的质感，可以使用修复画笔工具＋皮肤纹理采样＋多图层的修补方法。

（3）新建下巴图层

按 Ctrl+J 组合键复制下巴得到"图层 1"，如图 4-60 所示。

图　4-60

（4）调整下巴位置

运用小键盘上的上下箭头将下巴的位置进行微调。

（5）完成

最后人物下巴效果如图 4-57（b）所示。

▌技巧提示

如果脖子也需要处理，则需要对脖子处进行进一步处理，使用仿制图章工具将脖子处的肉褶进行平滑处理。

4.9 【案例9】为人物添加自然彩妆

（a）修饰前

（b）修饰后

　　彩妆包罗万象，也越来越丰富多彩，可以说是另一个诠释"美"的表达符号，它不断在向人们传递美的信息。效果如图4-61所示。

图　4-61

▶ 操作步骤

（1）打开照片

　　执行"文件"→"打开"命令，弹出"打开"对话框，选择本案例的图像文件，此时的图像效果如图4-61（a），图层面板如图4-62所示。

图　4-62

（2）框选眼影区

　　使用工具箱的"钢笔工具"按钮或使用"套索工具"来框选，在这使用了钢笔工具，如图4-63所示。

图　4-63

（3）填充眼影颜色

　　单击工具箱的"前景色"按钮，修改前景色的值"#"为806475，然后按Ctrl+Delete组合键填充前景色，如图4-64所示。

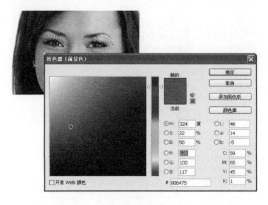

图　4-64

（4）设置柔光模式

　　将图层的混合模式设置为"柔光"，如图4-65所示。

图　4-65

（5）加深眼线

继续再使用"钢笔工具"加深眼线，将眼线的不透明度值设为 20%，如图 4-66 所示。

图　4-66

（6）添加闪粉

使用"画笔工具"，在眼影上方画两道柔边的白色，然后单击"滤镜"中的"添加杂色"，设置为高斯分布，数量为 120，如图 4-67 所示。

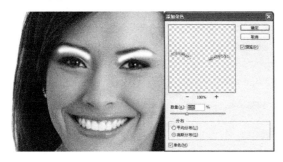

图　4-67

技巧提示

杂色分布选项包括"平均"和"高斯"。"平均"使用随机数值（介于 0 以及正 / 负指定值之间）分布杂色的颜色值以获得细微效果。"高斯"沿一条钟形曲线分布杂色的颜色值以获得斑点状的效果。

（7）设置图层模式

完成后，单击"确定"按钮，再将图层的混合模式设置为"柔光"，即可得到如图 4-68 所示图像。

（8）修改眉毛

人物眉毛的修改可用到"仿制图章工具"。修改后如下图 4-69 所示。

图　4-68

图　4-69

（9）画眉毛

用"钢笔工具"画出眉毛轮廓后填充黑色，再将图层高斯模糊半径设置为 1.0，将不透明度设置为 75%，如图 4-70 所示。

图　4-70

（10）完成

最后得到的效果如图 4-61（b）所示。

知识拓展

仿制图章工具从图像中取样，然后可将样本应用到其他图像或同一图像的其他部分。也可以将一个图层的一部分仿制到另一个图层。该工具的每个描边在多个样本上绘画。

因为可以将任何画笔笔尖与仿制图章工具一起使用，所以可以对仿制区域的大小进行多种控制。

4.10 【案例10】清除脸上的皱纹

（a）修饰前　　　　（b）修饰后

图 4-71

分析图 4-71（a），发现脸部皮肤总体不错，但眼部周围出现了不太明显的笑脸纹。一般来说，常用模糊的方式来进行磨皮处理，减淡不太明显和严重的皱纹，效果如图 4-71（b）所示。本节就要介绍这种方法。

▶ 操作步骤

（1）打开照片

执行"文件"→"打开"命令，弹出"打开"对话框，选择本案例的素材图像，此时的图像效果如图 4-71（a）所示，图层面板如图 4-72 所示。

图 4-72

（2）框选脸颊

使用"套索工具"框选脸颊上要修复的有皱纹部分，眼、眉毛和嘴尽量不要框选。执行"选择"→"修改"→"羽化"命令，对选区进行羽化，设置羽化值为 5。得到的选区如图 4-73 所示。

图 4-73

（3）对选区进行模糊

按 Ctrl+J 组合键新建图层，将框选的选区

部分粘贴到新建的图层 1 中。执行"滤镜"→"模糊"→"高斯模糊"命令，设置模糊的半径值为 6，如图 4-74 所示。

 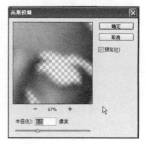

图 4-74

技巧提示

高斯模糊的半径值越大，则模糊得越厉害，一般视效果来确定参数进行人像处理时尽量不要用太大的参数，以避免失真。

（4）适当调节不透明度

可以适当地调节图层的不透明度，使人的脸部看上去不会虚假，如图 4-75 所示。

图 4-75

（5）完成

设置完毕后单击"确定"按钮，即可得到如图 4-71（b）所示效果图。

4.11 【案例 11】人物头面部的处理

（a）修饰前

（b）修饰后

图 4-76

图 4-76（a）分析：脸上痘痘很多，额前头发杂乱。

解决方案：通过使用各种修复画笔工具修复明显瑕疵，结合模糊磨皮细调皮肤，如图 4-76（b）所示。

▶ **操作步骤**

（1）打开照片

执行"文件"→"打开"命令，弹出"打开"对话框，选择本案例的图像文件，此时的图像效果如图 4-76（a）所示，图层面板如图 4-77所示。

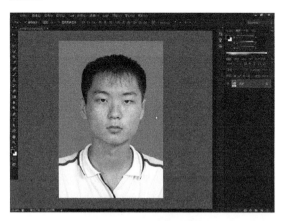

图 4-77

（2）复制背景图层

将"背景"图层拖动至图层面板的"创建新图层"按钮上，得到"背景 副本"图层，如图 4-78 所示。

图 4-78

（3）选择修复工具

选择工具箱的"污点修复画笔工具"，选择合适的画笔大小，在脸部的痘痘上单击，将痘痘去掉，修复效果如下图 4-79 所示。

图 4-79

技巧提示

快捷键"{""}"，键盘上的这两个键可以对修复画笔进行放大缩小。

（4）去掉额头头发

使用"修复画笔工具"将额头前的杂乱头发去掉，修复后如图 4-80 所示。

图 4-80

技巧提示

使用修复画笔工具时，按住 Alt 键进行采样，耐心将额头上的头发都去掉。

（5）把眉毛修复

使用"仿制图章工具"将额头处皮肤进行修复处理，效果如图 4-81 所示。

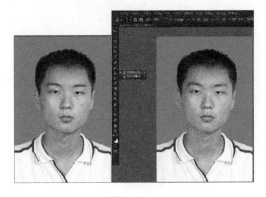

图 4-81

（6）复制图层

复制"图层 1"，得到"图层 1 副本"，如图 4-82 所示。

图 4-82

（7）人物磨皮

执行"滤镜"→"模糊"→"More Blurs"→"表面模糊"命令，弹出"表面模糊"对话框，如图 4-83 所示。

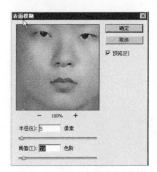

图 4-83

（8）涂出要磨皮的地方

在"图层 1 副本"中添加蒙版，把人物的脸部和颈部以外的地方涂黑，如图 4-84 所示。

图 4-84

（9）调整磨皮程度

选中"图层 1 副本"，将图层的不透明度改成 78%，如图 4-85 所示。

图　4-85

图　4-86

（10）最后修复细节

盖印可见图层（快捷键 Ctrl+Alt+Shift+E），再使用修复工具修复细节，如图 4-86 所示。

知识拓展

人物磨皮可以多种方法，执行"滤镜"→"模糊"→"高斯模糊"命令，也可以得到差不多的效果。

4.12　【案例 12】将花白的头发染黑

（a）修饰前

（b）修饰后

图　4-87

如何用 Photoshop 将一头白发或部分白发转黑，是本节要学习的内容。如图 4-87 所示。

▶ 操作步骤

（1）打开照片

执行"文件"→"打开"命令，弹出"打开"对话框，选择本案例的图像文件，此时的图像效果如图 4-87（a）所示，图层面板如图 4-88 所示。

（2）框选出头发

使用"套索工具"将头发主体框选出，单击"调整边缘"按钮设置参数，参数值如图 4-89 所示，单击"确定"按钮后得到头发图层。

图　4-88

图　4-89

（3）调整头发颜色

在头发图层按 Ctrl+M 组合键弹出"曲线调整"对话框，调整参数值如图 4-90 所示，再按 Ctrl+L 组合键弹出"色阶"对话框，调整参数值如图 4-91 所示。

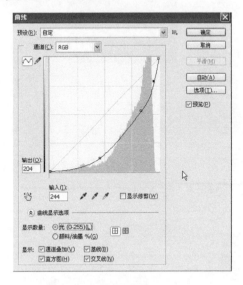

图 4-90

图 4-91

技巧提示

使用"色阶"命令可以调整图像的阴影、中间调和高光的关系，从而调整图像的色调范围或色彩平衡。

（4）变白为黑

执行"图像"→"调整"→"黑白"命令，如图 4-92 所示。

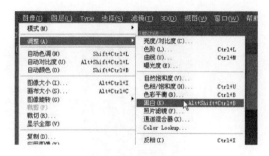

图 4-92

（5）完成

弹出"色阶"对话框如图 4-93 所示。

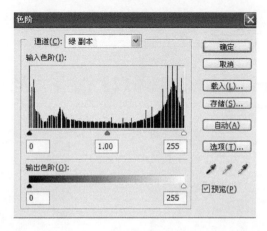

图 4-93

色阶的直方图上显示有高低起伏的山峰状部分，是根据当前图像的颜色暗调、中间调、高光所收集数据并以直方图直观显示出来的。因此每次调整了或者更换不同图片，它的直方图都会有区别，它只是显示图像上的颜色信息变化而已，并不对图像有什么影响。山峰越高代表该部分的颜色信息越多。

知识拓展

色阶面板的参数有以下几种：

通道：该选项是根据图像模式而改变的。可以对每个颜色通道设置不同的输入色阶与输出色阶值。当图像模式为 RGB 时，该选项中的颜色通道为 RGB、红、绿与蓝；当图像模式为 CMYK 时，该选项中的颜色通道为 CMYK、青色、洋红、黄色与黑色。

输入色阶：该选项可以通过拖动色阶的三

角滑块进行调整，也可以直接在"输入色阶"的文本框中输入数值。

输出色阶：该选项中的"输出阴影"用于控制图像最暗数值；"输出高光"用于控制图像最亮数值。

吸管工具：3 个吸管分别用于设置图像黑

场、白场和灰场，从而调整图像的明暗关系。

自动：单击该按钮，即可将亮的颜色变得更亮，暗的颜色变得更暗，提高图像的对比度。它与执行"自动色阶"命令的效果是相同的。

选项：单击该按钮可以更改自动调节命令中的默认参数。

4.13 【案例 13】消除人像眼袋

（a）修饰前　　　　　（b）修饰后

图　4-94

出去旅游时，由于假期中作息时间不规律，往往早上起床就会发现讨厌的眼袋出现在脸上，又来不及护理，所以拍的照片也不是很美观，下面我们就用 PS 来快速消除照片中的眼袋，如图 4-94 所示。

▶ 操作步骤

（1）打开照片

执行"文件"→"打开"命令，弹出"打开"对话框，选择本案例的图像文件，此时的图像效果如图 4-94（a）所示，图层面板如图 4-95 所示。

图　4-95

（2）选择多边形工具

单击工具箱中的"多边形工具"按钮，框选出眼袋，如图 4-96 所示。

（3）选择修补工具

单击工具箱的"修补工具"按钮，修补前可按 Shift+F6 组合键，在弹出的"羽化选区"

对话框设置羽化，使眼袋的边缘不会有太明显的痕迹，然后拖动选区到想要得到的纹理处，如图 4-97 所示。

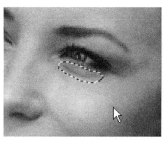

图　4-96

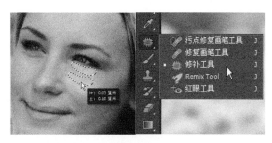

图　4-97

（4）修改另一眼袋

用上面的方法修改另一只眼袋，如图 4-98 所示。

（5）完成

设置完毕后单击"确定"按钮，即可得到如图 4-94（a）所示图像。

图　4-98

图　4-99

技巧提示

还可以用仿制图章工具来去除眼袋。单击工具箱的"仿制图章工具"将眼袋仔细擦去，如图 4-99 所示。

知识拓展

如何才能通过简单的后期修改将"眼袋""黑眼圈"都去掉，只要运用其中的"修补工具"和"仿制图章工具"，按照本节所提示的步骤，进行多次细修，即可将人物的眼袋、黑眼圈进行清除。

4.14 【案例14】让牙齿更加洁白

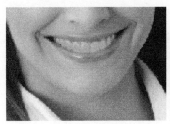

（a）修饰前

（b）修饰后

图　4-100

打开图 4-100（a），不难发现图片中的牙齿是"泛黄"的色彩，本节将介绍如何通过 Photoshop 处理使牙齿更加洁白，如图 4-100（b）所示。

▶ **操作步骤**

（1）打开照片

执行"文件"→"打开"命令，弹出"打开"对话框，选择本案例的图像文件，此时的图像效果如图 4-100（a）所示，图层面板如图 4-101 所示。

图　4-101

（2）框选出牙齿

单击"套索工具"按钮，框选出牙齿，然后设置羽化值为 1，如图 4-102 所示。

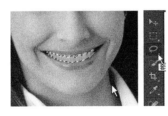

图　4-102

（3）新建牙齿图层

按 Ctrl+J 组合键新建选取图层，如图 4-103 所示。

图　4-103

技巧提示

色彩平衡命令可以用来控制图像的颜色分布（包括阴影、中间调、高光），从而平衡图像的色彩。

（4）调整去色

需要对黄色的牙齿去色，执行"图像"→"调整"→"去色"命令为牙齿去色，如下图 4-104 所示。

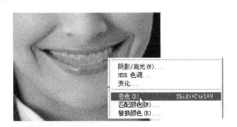

图　4-104

（5）调整色相

继续执行"图像"→"调整"→"色相 /

饱和度"命令，设置参数值，饱和度为 20、明度为 50 即可，如图 4-105 所示。

图　4-105

技巧提示

"色相 / 饱和度"命令是较为常用的色彩调整命令。该命令功能非常齐全，可以调整整个图像和单个颜色成分的色相、饱和度和明度值。另外如果将对话框右下角的"着色"复选框选中，还可以将彩色图像调整为单色调图像，如图 4-106 所示。

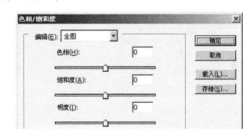

图　4-106

（6）完成

设置完毕后单击"确定"按钮，即可得到完成效果如图 4-100（b）所示。

技巧提示

当明度参数为 +100 时，图像将成为纯白色；相反，如果明度参数为 -100 时，图像将成为纯黑色。并且在这两个数值状态下，调整"色相"和"饱和度"参数，对图像没有任何影响。

知识拓展

"编辑"：在其下拉列表框中可以选择需要调整的颜色范围。选择"全图"可以一次性调整所有颜色。

"色相"：也就是颜色。调整色相滑块或参数值，可以在图像中显示所需颜色。

"饱和度"：调整颜色的纯度。颜色越纯，饱和度越大，画面颜色越鲜艳。

"明度"：调整颜色的明暗度。值越大，图像越趋向于白色；值越小，图像越趋向于黑色。使用"色相／饱和度"命令还可以创建单色调画面效果。

将"色相／饱和度"对话框复位，选择"着色"复选框。如果前景色和背景色为默认黑色和白色，则图像会转换成红色色相（色相参数为 0，饱和度为 25，明度为 0），如图 9-93 所示。选择"着色"选项后，"编辑"选项将转换为不可选择状态。

4.15 【案例 15】人像身型完美处理

（a）修饰前

（b）修饰后

图 4-107

图 4-107（a）分析：身材的比例不对，一般黄金分割比例肚脐以下：肚脐以上等于 0.618。

解决方案：通过变换工具，只针对腿部加工，避免身体其他部位过度处理而产生畸变。

效果图：凸显出高挑的身体，身体其他部分也没有变形，如图 4-107（b）所示。

▶ 操作步骤

(1) 拉长肚脐

执行"文件"→"打开"命令，弹出"打开"对话框，选择本案例的素材图像，新建选区并将选区拉长，如图 4-108 所示。

技巧提示

拉长肚脐最重要的是处理得细致，选择拉伸部分也很关键。

(2) 新建选区图层

按快捷键 Ctrl+J，快速新建选中区域。再按快捷键 Ctrl+T，向下拉伸画面，让人物整个腿部略微拉长，如图 4-109 所示。

图 4-108

图 4-109

（3）扩展画布大小

人物的脚部由于拉伸超出画布，需要扩大画布的高度，执行"图像"→"画布大小"命令，或按快捷键 Ctrl+Alt+C，如图 4-110 所示设置面板参数，进行画布的向下扩展。

图 4-110

（4）裁切画面多余部分

扩大的画布尺寸并不准确，需要通过裁切工具裁切掉画面多余部分，效果如图4-111所示。

图 4-111

（5）完成

完成后的效果如图 4-107（b）所示，人物身材比例更加协调高挑。

知识拓展

生活中常常由于摄影技术欠佳，需要裁切照片多余的部分才可突出主题，然而画面的裁切在 Photoshop 软件中有三种方式，一是制作选区裁切画面，二是利用画布的大小调整画面，三是利用工具箱中的裁切工具直接裁切画面。其中裁切工具是前两种的裁切方式的合集所在。

1. 裁切工具参数设置

裁切图像的大小可以根据画面来随意框选裁切，但是如果需要处理图片较多，又需要大小尺寸相同画面可以通过设定裁切工具的高度、宽度、分辨率来完成，这样出来的修整图像不用担心会尺寸不同。

2. 裁切时选项的设置

裁切时可对裁切区域进行设置，删除或隐藏裁切区域，不同的选项对裁切后产生的后果也不同；遮蔽裁切区域的颜色和透明度的调整，遮蔽裁切区域的选项是为了在裁切过程中对视觉上很好的调整画面.

第5章

炫彩世界，如梦亦如幻——数码照片色彩调整

5.1 【案例1】原色主义，让照片回归自然色彩

（a）修饰前　　　　　　　（b）修饰后

图　5-1

> 　　曲线、色阶、色彩平衡命令是图像处理中色彩调整的重要技术，本节通过曲线调整图像明亮度、色阶调整画面层次、色彩平衡调整画面色调，综合得到完美的自然色彩，如图 5-1 所示。

▶ **操作步骤**

（1）打开照片

执行"文件"→"打开"命令，弹出"打开"对话框，选择本案例的图像文件，此时的图像效果如图 5-1（a）所示，图层面板如图 5-2 所示。

图　5-2

（2）新建"曲线"调整图层

单击图层面板下方的"创建新的填充或调整图层"按钮，在弹出的下拉菜单中选择"曲线"，弹出"曲线"对话框，设置如图 5-3 所示，从而调高画面的亮度，如图 5-4 所示。

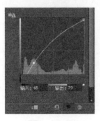 

图　5-3　　　　　　图　5-4

（3）新建"色阶"调整图层

单击图层面板下方的"创建新的填充或调整图层"按钮，在弹出的下拉菜单中选择"色阶"，弹出"色阶"对话框，设置如图 5-5 所示，使画面的层次感更加丰富，如图 5-6 所示。

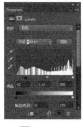

图　5-5　　　　　图　5-6

技巧提示

色阶命令指的是灰度分辨率（又称灰度级分辨率或者幅度分辨率），可以决定图像的色彩丰满度和精细度。

（4）建立人物皮肤选区

选择"快速选择工具"，直径设为 40px，在人物皮肤上涂抹，建立人物皮肤选区，如图 5-7 所示。

图　5-7

（5）羽化选区

执行"选择"→"修改"→"羽化"命令，设置羽化值为 10，对人物皮肤选区进行羽化处理，如图 5-8 所示。

图　5-8

（6）新建"色彩平衡"调整图层

保持选区的同时，按 Shift+Ctrl+I 组合键反选。然后单击图层面板下方的"创建新的填充或调整图层"按钮，在弹出的下拉菜单中选择"色彩平衡"，弹出色彩平衡对话框。选择"阴影"单选按钮，设置色阶参数分别为 +17、+71、+11，如图 5-9 所示。

图　5-9

（7）调整色彩平衡中高光

继续在"色彩平衡"选项中选择"高光"单选按钮，设置参数分别为 +15、+40、+23，如图 5-10 所示。

图　5-10

（8）再次调整色彩平衡

按住 Ctrl 键的同时，单击色彩平衡图层的蒙版，载入皮肤选区。然后再次单击"创建新的填充或调整图层"按钮，在弹出的下拉菜单中选择"色彩平衡"，弹出"色彩平衡"对话框。选择"中间调"单选按钮，设置色阶参数分别为 -17、0、+77，如图 5-11 所示。

图　5-11

(9) 盖印图层

按快捷键 Shift+Ctrl+Alt+E 盖印图层，完成效果如图 5-1（b）所示。

5.2 【案例 2】黑与白的世界，黑白照片的魅力

(a) 修饰前

(b) 修饰后

图　5-12

黑白照片的色彩看似单一，事实则由黑、白、灰三种色阶组成，这三种色阶包容红、绿、蓝和黄、品、青等人眼所能看到，甚至看不到的各种颜色，与彩色照片比，黑白照片单纯、朴实、含蓄而有想象空间，在视觉传播中有独特优势，如图 5-12 所示。

▶ 操作步骤

(1) 打开照片

执行"文件"→"打开"命令，弹出"打开"对话框，选择本案例的图像文件，此时的图像效果如图 5-12（a）所示，图层面板如图 5-13所示。

图　5-13

图　5-14　　　　图　5-15

(2) 创建"黑白"调整图层

单击图层面板的"创建新的填充或调整图层"按钮，选择"黑白"调整图层，如图 5-14和图 5-15 所示。

(3) 设置"黑白"调整图层

在图层面板选择刚创建的"黑白"调整图层，设置参数分别为 37、65、17、41、15、63，如图 5-16 所示。

图　5-16

(4) 创建"亮度 / 对比度"调整图层

单击图层面板的"创建新的填充或调整图层"按钮，选择"亮度 / 对比度"调整图层，如图 5-17 和图 5-18 所示。

图 5-17　　　　　　图 5-18

（5）设置"亮度/对比度"调整图层

在图层面板选择刚创建的"亮度/对比度"调整图层，将对比度的参数值改为+100，如图 5-19 所示。

图 5-19

使用"亮度/对比度"命令可以对图像的色调进行简单调整，它对图像的整体进行全局调整而不仅仅是对高光区、中间色区或是暗色区中的单个区域。它是对这些区域进行同时调整，对单通道不起作用。

（6）完成

把对比度调大以后，黑白效果如图 5-12（b）所示。

黑白调整图层是专门用来制作黑白或单色图片的工具。当然，可以把图片去色直接变成黑白效果，这种黑白效果不够专业。黑白调整图层功能就强大很多，创建黑白调整图层后，图片会变成黑白效果，不过在设置面板仍然能对图片原有颜色进行识别，可以调节不同的颜色的数值来加深或减淡某种颜色区域的明暗，不会影响其他颜色部分。这样调出的黑白图片层次感非常强。

调整面板的上面有着色选项，类似于色相/饱和度中的着色选项，勾选后就会变成相应的单色图片，不过黑白调整图层的着色也更为复杂，同样也可以识别原图片颜色，可以微调局部明暗。

5.3 【案例3】优化高彩照片品质

（a）修饰前

（b）修饰后

图 5-20

色彩本身富有丰富的感情，或兴奋、或阴郁，或生机盎然，它和造型一起并成为图像中最基本的元素。

高彩除了带给人们视觉震撼之外，也加深了情感的表达，如图 5-20 所示。

▶ 操作步骤

(1) 打开照片

执行"文件"→"打开"命令,弹出"打开"对话框,选择本案例的图像文件,此时的图像效果如图 5-20 (a) 所示,图层面板如图 5-21 所示。

图 5-21

(2) 复制背景图层

将"背景"图层拖动至图层面板的"创建新图层"按钮上,得到"背景 副本"图层,如图 5-22 所示。

图 5-22

(3) 新建"选取颜色"调整图层

单击图层面板的"创建新的填充或调整图层"按钮,在弹出的下拉菜单中选择"选取颜色"选项,如图 5-23 所示。设置后如图 5-24 所示。

图 5-23 图 5-24

技巧提示

使用"色彩平衡"命令最好由一个色轮图作为参考,从图中可以看出相对的两种颜色互补(如红色和青色是互补的),其中一种增大另一种就会减少;每一种颜色都由相邻的颜色混合得到。

(4) 调整选取颜色数值

分别对红、黄、青、蓝、白、中性色、黑进行调整,参数设置如图 5-25 ~ 图 5-30 所示。

图 5-25 图 5-26

图 5-27 图 5-28

图 5-29 图 5-30

(5) 设置效果

调整后效果如图 5-31 所示。

图　5-31

（6）新建"色彩平衡"调整图层

单击图层面板的"创建新的填充或调整图层"按钮，在弹出的下拉菜单中选择"色彩平衡"选项，如图 5-32 所示。

图　5-32

（7）设置阴影

弹出"色彩平衡"对话框，在"色彩平衡"选项中选择"阴影"单选按钮，设置参数如图 5-33 所示。

（8）设置中间调

继续在"色彩平衡"选项中选择"中间调"单选按钮，设置参数如图 5-34 所示。

图　5-33

图　5-34

（9）设置高光

最后在"色彩平衡"选项中选择"高光"单选按钮，设置参数如图 5-35 所示。

图　5-35

（10）完成

设置完毕后单击"确定"按钮，即可得到如图 5-20（b）所示的高彩图像。

5.4 【案例4】修正强光下拍摄的照片

(a) 修饰前　　　　(b) 修饰后

图　5-36

强光下拍摄的照片容易出现阴阳脸的效果，即一边脸白、一边脸黑。本案例主要通过"曲线"命令调节画面暗部的亮度，从而达到修正画面的效果，如图5-36所示。

▶ 操作步骤

(1) 打开照片

执行"文件"→"打开"命令，弹出"打开"对话框，选择本案例的图像文件，此时的图像效果如图5-36(a)所示，图层面板如图5-37所示。

(2) 选择脸部暗区

选择磁性套索工具，框选皮肤暗部的选区，如图5-38所示。

图　5-37　　　　图　5-38

(3) 羽化选区

执行"选择"→"修改"→"羽化"命令，如图5-39所示，在弹出的"羽化选区"对话框设置羽化半径为20像素，如图5-40所示。

图　5-39

图　5-40

(4) 提亮画面暗部

单击"创建新的填充或调整图层"按钮，在弹出的菜单中选择"曲线"，弹出"曲线"对话框，设置如图5-41所示，即可提亮暗部肤色。设置后如图5-42所示。

图　5-41　　　　图　5-42

技巧提示

曲线命令，是在忠于原图的基础上对图像做一些调整。曲线，可以调整全体或是单独通道的对比，可以调节任意局部的亮度，还可以调节颜色。

(5) 复制图层

复制"背景"图层，将图层混合模式设为"滤色"。然后为该图层添加图层蒙版。选择"画笔工具"，设置前景色为黑色，调整画笔大小为370，不透明度为71%，在画面中人物脸部皮肤以外的地方涂抹，使画面的背景保持原来的亮度，如图 5-43 所示。

图　5-43

（6）调整画面亮度 / 对比度

单击"创建新的填充或调整图层"按钮，在弹出的菜单中选择"亮度 / 对比度"，弹出"亮度 / 对比度"对话框，设置亮度为 -53，对比度为 -43，如图 5-44 所示。

图　5-44

（7）利用"曲线"再次提亮画面

单击"创建新的填充或调整图层"按钮，在弹出的菜单中选择"曲线"，弹出"曲线"对话框，设置如图 5-45 所示，即可再次提亮肤色。

图　5-45

（8）再次复制"背景"图层

单击"背景"图层，拖动至"创建新图层"按钮，得到"背景 副本 2"图层。将背景副本 2 图层放置最上方，如图 5-46 所示。

（9）添加蒙版

为"背景副本 2"图层添加蒙版，如图 5-47 所示。选择"画笔工具"，设置前景色为黑色，画笔大小为 370，不透明度为 70%，流量为 37%，在画面人物皮肤上涂抹，最后效果如图 5-36（b）所示。

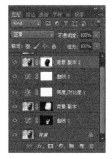

图　5-46　　　　图　5-47

5.5　【案例 5】美化逆光拍摄的照片

（a）修饰前

（b）修饰后

图　5-48

逆光拍摄的照片，往往人物的脸部比较暗。本案例通过图层混合模式滤色的调整、色阶的调整达到比较好的修饰与美化效果，如图 5-48 所示。

▶ 操作步骤

(1) 打开照片

执行"文件"→"打开"命令,弹出"打开"对话框,选择本案例的图像文件,此时的图像效果如图 5-48 (a) 所示,图层面板如图 5-49 所示。

图　5-49

(2) 复制背景图层

将背景图层拖动至"图层"面板的"创建新图层"按钮上,得到"背景 副本"图层,然后将图层混合模式修改为"滤色",此时画面会变得比较明亮,如图 5-50 所示。

图　5-50

(3) 新建"色阶"调整图层

单击图层面板上的"创建新的填充或调整

图层"按钮,在弹出的下拉菜单中选择"色阶"选项,如图 5-51 所示。设置后图层面板如图 5-52 所示。

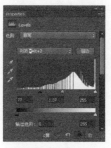

图　5-51　　　　图　5-52

(4) 盖印图层

按快捷键 Shift+Ctrl+Alt+E 盖印图层,得到"图层 2"。

(5) 添加镜头光晕效果

执行菜单"滤镜"→"渲染"→"镜头光晕"命令,打开"镜头光晕"对话框,设置如图 5-53 所示。完成效果图的制作,如图 5-48 (b) 所示。

图　5-53

5.6 【案例 6】创造温馨的夕阳美景

（a）修饰前　　　　　　（b）修饰后

图　5-54

色彩平衡命令是图像处理中色彩调整的一项重要技术,通过对图像的色彩平衡处理,更改图像的总体颜色混合,调制出所需要的各种色彩,如图 5-54 所示。

▶ **操作步骤**

（1）打开照片

执行"文件"→"打开"命令，弹出"打开"对话框，选择本案例的图像文件，此时的图像效果如图 5-54（a）所示，图层面板如图 5-55 所示。

图 5-55

（2）复制背景图层

将"背景"图层拖动至图层面板的"创建新图层"按钮上，得到"背景 副本"图层，如图 5-56 所示。

图 5-56

（3）新建"色彩平衡"调整图层

单击图层面板的"创建新的填充或调整图层"按钮，在弹出的菜单中选择"色彩平衡"选项，如图 5-57 所示。设置后图层面板如图 5-58 所示。

图 5-57

图 5-58

技巧提示

色彩平衡命令可以用来控制图像的颜色分布（包括阴影、中间调、高光），来平衡图像的色彩。

（4）设置阴影

弹出"色彩平衡"对话框，在"色彩平衡"选项中选择"阴影"单选按钮，设置色阶参数分别为 +26，-13，-26，如图 5-59 所示。

图 5-59

（5）设置中间调

继续在"色彩平衡"选项中选择"中间调"单选按钮，设置参数分别为 36，-6，-21，如图 5-60 所示。

图 5-60

（6）设置高光

最后在"色彩平衡"选项中选择"高光"单选按钮，设置参数分别为 40，-21，-36，如图 5-61 所示。

图 5-61

（7）完成

设置完毕后单击"确定"按钮，即可得到如图 5-54（b）所示温馨的夕阳美景图像。

知识拓展

图像的 RGB 颜色模式，其三原色为红、绿、蓝，如图 5-62 所示。

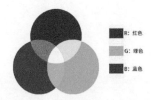

| R: 红色 |
| G: 绿色 |
| B: 蓝色 |

图　5-62

补色是指一种原色与另外两种原色混合而成的颜色之间形成互为补色关系。例如：蓝色与绿色混合出青色，那么青色就红色就互为补色。还有，洋红与绿色、黄色与蓝色分别互为补色，如图 5-63 所示。

图　5-63

利用色彩平衡调色时，就遵循补色原理。图像中一种颜色成分的增加，必然导致它的补色成分减少。例如，向青色拖动滑块，在图像中增加青色的同时，红色成分减少，如图 5-64 所示。

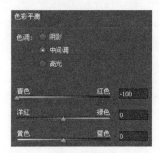

图　5-64

5.7 【案例7】调整灰蒙蒙的照片

（a）修饰前

（b）修饰后

图　5-65

本案例调整灰蒙蒙的照片，主要通过"亮度 / 对比度"命令增加画面对比度，然后通过"色相 / 饱和度"命令增加画面的饱和度，最后达到完美的调色效果，如图 5-65 所示。

▶ **操作步骤**

（1）打开照片

执行"文件"→"打开"命令，弹出"打开"对话框，选择本案例的图像文件，此时的图像效果如图 5-65(a)所示，图层面板如图 5-66 所示。

图　5-66

（2）调整画面的亮度 / 对比度

单击图层面板的"创建新的填充或调整图层"，在弹出的下拉菜单中选择"亮度 / 对比度"选项。设置亮度为 41，对比度为 85，使画面变清晰一些，如图 5-67 所示。

图　5-67

知识拓展

对比度指的是一幅图像中明暗区域最亮的白和最暗的黑之间不同亮度层级的测量，即指一幅图像灰度反差的大小。

对比度对视觉效果的影响非常关键，一般来说对比度越大，图像越清晰醒目，色彩也越鲜明艳丽；而对比度小，则会让整个画面都灰蒙蒙的。

因此，在本案例中，调整灰蒙蒙的画面就要增加图像的对比度。

（3）调整色相 / 饱和度

单击图层面板的"创建新的填充或调整图层"按钮，在弹出的下拉菜单中选择"色相 /

饱和度"选项。弹出"色相 / 饱和度"对话框中，将饱和度设置为 +25，其他为默认值，如图 5-68 所示。

图　5-68

知识拓展

饱和度是指色彩的鲜艳程度，也称色彩的纯度。饱和度取决于该色中含色成分和消色成分（灰色）的比例。含色成分越大，饱和度越大；消色成分越大，饱和度越小。

因此在本案例中，增加画面的饱和度，可以使画面的颜色更加好看。

（4）调整曲线

单击图层面板的"创建新的填充或调整图层"按钮，在弹出的下拉菜单中选择"曲线"选项。弹出"曲线"对话框中绘制 RGB 调整曲线如图 5-69 所示。最后完成效果如图 5-65（b）所示。

图　5-69

知识拓展

RGB 曲线，它的横坐标是原来的亮度，纵坐标是调整后的亮度。在未作调整时，曲线是直线形的，而且是 45°的。如果把曲线上的一点往上拉，它的纵坐标就大于横坐标了，这就是说，调整后的亮度大于调整前的亮度，也就是说，亮度增加了。

除此之外，还可以绘制其他形状的曲线，调整的画面效果也会更加丰富，就如本案例。

5.8 【案例 8】调出普通照片的清爽色调

（a）修饰前

（b）修饰后

图 5-70

"小清新"这种起初颇为小众的风格，现在已逐步形成一种亚文化现象，受到众多年轻人的追捧。无论是作为一种理想的生活方式，还是个人憧憬的美好意境，小清新都是秉承淡雅、自然、朴实、超脱、静谧的特点而存在着，如图 5-70 所示。

▶ **操作步骤**

（1）打开照片

执行"文件"→"打开"命令，弹出"打开"对话框，选择本案例的图像文件，此时的图像效果如图 5-70(a)所示，图层面板如图 5-71 所示。

图 5-71

（2）复制背景图层

将"背景"图层拖动至图层面板的"创建新图层"按钮上，得到"背景 副本"图层，如图 5-72 所示。

图 5-72

（3）进行"高斯模糊"滤镜

单击"背景 副本"图层，执行"滤镜"→"模糊"→"高斯模糊"命令，如图 5-73 所示。设置模糊参数为 10，如图 5-74 所示。

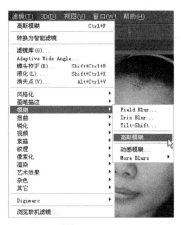

图 5-73

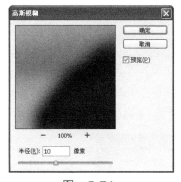

图 5-74

(4) 用曲线工具调整图层

将"背景 副本"图层的混合模式改为"柔光"，如图 5-75 所示。然后使用组合键 Ctrl+M 执行"曲线"工具。弹出"曲线"对话框，适当地调整，使照片增亮，人物皮肤增白，如图 5-76 所示。

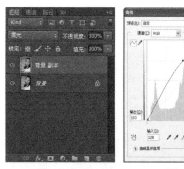

图 5-75　　　　图 5-76

(5) 创建高光图层

在图层面板上单击"创建新图层"按钮，创建名为"图层 1"的透明图层。然后使用"由

白至透明"的渐变填充，如图 5-77 所示。创造唯美的高光效果，并将不透明度设为 50%。

图 5-77

技巧提示

添加高光，使画面呈现半透明的感觉，达到唯美、清新的效果。

高光的制作方法一般是创建新图层，填充白色或者由白到透明的渐变效果，修改图层的不透明度。

(6) 完成

把唯美的高光效果设置好后，如图 5-70 (b) 所示。

知识拓展

高斯模糊（Gaussian Blur）是美国 Adobe 图像软件公司开发的一个作图软件 Adobe Photoshop(系列) 中的一个滤镜,具体的位置在: 滤镜→模糊→高斯模糊。高斯模糊的原理是根据高斯曲线调节像素色值，它是有选择地模糊图像。

高斯模糊能够把某一高斯曲线周围的像素色值统计起来，采用数学上加权平均的计算方法得到这条曲线的色值，最后能够留下人物的轮廓，即曲线，是当 Adobe Photoshop 将加权平均应用于像素时生成的钟形曲线。

5.9 【案例9】制作绚烂的艺术春天

(a) 修饰前

(b) 修饰后

图 5-78

"可选颜色"命令是图像处理中色彩调整的一项重要技术。本案例通过"可选颜色"命令将画面中偏灰、偏黄的色调调出春天草地的绿色和花朵的红色，如图 5-78 所示。

▶ **操作步骤**

(1) 打开照片

执行"文件"→"打开"命令，弹出"打开"对话框，选择本案例的图像文件，此时的图像效果如图 5-78(a)所示，图层面板如图 5-79 所示。

图 5-79

(2) 新建"可选颜色"调整图层

单击图层面板的"创建新的填充或调整图层"按钮，在弹出的下拉菜单中选择"可选颜色"。在弹出的调整面板中选择"黄色"，数值设置为 +85、-100、+13、0，如图 5-80 所示。

图 5-80

(3) 调整可选颜色

继续在"可选颜色"对话框中选择"洋红"，数值设置为 +8,+100,+28,0，如图 5-81 所示。

图 5-81

技巧提示

"可选颜色"命令可以对图像中限定颜色区域中的各像素中的四色油墨（青，洋红，黄，黑）进行调整，而不影响其他颜色的表现。

(4) 新建"曲线"调整图层

单击图层面板的"创建新的填充或调整图层"，在弹出的下拉菜单中选择"曲线"。弹出"曲线"对话框，设置参数如图 5-82 所示。

图　5-82

（5）新建"亮度 / 对比度"调整图层

单击图层面板的"创建新的填充或调整图层"按钮，在弹出的下拉菜单中选择"亮度 / 对比度"。弹出"亮度 / 对比度"对话框，设置亮度为 18，对比度为 59，如图 5-83 所示。

图　5-83

（6）新建"色阶"调整图层

单击图层面板的"创建新的填充或调整图层"按钮，在弹出的下拉菜单中选择"色阶"。弹出"色阶"对话框，设置数值为 0、0.60、

255，如图 5-84 所示。

图　5-84

（7）盖印图层

按快捷键 Shift+Ctrl+Alt+E 盖印图层，如图 5-85 所示，完成效果图的制作，如图 5-78（b）所示。

图　5-85

5.10　【案例 10】调出照片的梦幻回忆色调

（a）修饰前

（b）修饰后

图　5-86

通过对 Lab 通道、可选颜色、渐变图层的调整，改变照片的基本色调，最后为图像添加笔刷效果衬托出梦幻的氛围，如图 5-86 所示。

▶ **操作步骤** ///

（1）打开照片

执行"文件"→"打开"命令，弹出"打开"对话框，选择本案例的图像文件，此时的图像效果如图5-86(a)所示，图层面板如图5-87所示。

图　5-87

（2）调整照片的 HDR 色调

执行"图像"→"调整"→"HDR 色调"命令对图层的 HDR 色调调整操作。数值分别设置半径为 13 像素，强度为 0.52，灰度系数为 1.0，曝光度为 0，细节为 +30，阴影为 0，高光为 0，自然饱和度为 0，饱和度为 +20。如图 5-88所示。

图　5-88

（3）转换 Lab 调整模式

执行"图像"→"模式"→"Lab 颜色"命令，将图层转换为 Lab 颜色调整模式，如图 5-89所示。

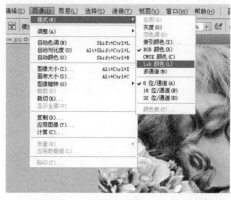

图　5-89

（4）复制图层

将"背景"图层拖动至图层面板的"创建新图层"按钮上，得到"图层 1"图层，如图 5-90所示。

图　5-90

（5）创建回忆效果

选择通道面板，单击通道面板中的"a"图层，使用"Ctrl+A"组合键将"a"图层全选，然后再按住"Ctrl+C"组合键复制。再单击"b"图层，使用"Ctrl+V"组合键粘贴。得到的图层与效果如图 5-91。

图　5-91

将其移至"图层 1"之上。然后选择通道面板，单击通道面板中的"明度"图层，使用 Ctrl+A 组合键将"明度"图层全选，然后再按住 Ctrl+C 组合键复制。再点选"b"图层，使用 Ctrl+V 组合键粘贴。得到的图层与效果如图 5-93 所示。

图　5-93

技巧提示

Lab 模式由三个通道组成，但不是 R、G、B 通道。它的一个通道是亮度，即 L。另外两个是色彩通道，用 a 和 b 来表示。a 通道包括的颜色是从深绿色（底亮度值）到灰色（中亮度值），再到亮粉红色（高亮度值）；b 通道则是从亮蓝色（底亮度值）到灰色（中亮度值），再到黄色（高亮度值）。因此，这种色彩混合后将产生明亮的色彩。

（6）更改不透明度

单击"图层 1"图层，将其不透明度改为40%，效果如图 5-92。

（8）转换 Lab 调整模式

执行"图像"→"模式"→"RGB 颜色"命令，将图层转换为原来的 RGB 颜色调整模式如图 5-94 所示，在弹出来的对话框中选择"不拼合"，如图 5-95 所示。

图　5-94

图　5-92

（7）增强回忆效果与基础梦幻效果

将"背景"图层拖动至图层面板的"创建新图层"按钮上，得到"背景 副本"图层。

图　5-95

（9）更改图层的混合模式

单击"背景 副本"图层，将其不透明度改为30%。效果如图5-96。

图　5-96

（10）创建可选颜色调整图层

在图层面板中，执行"创建新的填充或调整图层"→"可选颜色"命令，创建新的可选颜色调整图层，如图5-97所示。设置后图层面板如图5-98所示。

图　5-97　　　　图　5-98

（11）设置"可选颜色"

选择刚创建的"可选颜色"调整图层。在"可选颜色"的选项中选择"黄色"选项，并且将"相对"改为绝对。设置参数分别为0，+4，+3，-10，效果如图5-99所示。

（12）创建渐变图层

在图层面板中，执行"创建新图层"命令，得到命名为"图层1"的新图层。然后设置渐变填充。颜色分别为"#0000ff，#ff008a，#0cff00，#f6ff00"，设置完毕后在"图层1"上拉取一层渐变图层，效果如图5-100所示。

图　5-99

图　5-100

（13）添加装饰

最后，适当地为照片添加上一些小装饰，可以打造出更加梦幻的回忆效果，如图5-86（b）所示。

5.11　【案例 11】调出照片的古典怀旧色调

（a）修饰前

（b）修饰后

图　5-101

古典怀旧色调充满古典气息和回忆感。本案例先把图像调整黄色调，然后通过滤镜增加一些线条纹理，调制出古典的怀旧感，如图 5-101 所示。

▶ 操作步骤

（1）打开照片

执行"文件"→"打开"命令，弹出"打开"对话框，选择本案例的图像文件，此时的图像效果如图 5-101（a）所示，图层面板如图 5-102 所示。

图　5-102

（2）新建"曲线"调整图层

单击图层面板的"创建新的填充或调整图层"按钮，在弹出的下拉菜单中选择"曲线"，弹出"曲线"对话框，设置如图 5-103 所示。

图　5-103

（3）新建图层

新建一个图层，填充橙黄色 # f1aa11，并将图层的混合模式设为"柔光"，效果如图 5-104 所示。

图　5-104

技巧提示

调色的方法之一：新建一个图层，填充想要调成色调的颜色，然后将图层混合模式修改为"柔光"。这既可以作为调色的方法，也可以作为黑白照片上色的方法。

（4）新建"色阶"调整图层

单击图层面板的"创建新的填充或调整图层"按钮，在弹出的下拉菜单中选择"色阶"，弹出"色阶"对话框，输入数值 69、0.92、255，如图 5-105 所示。

（5）再次调整"曲线"

单击图层面板的"创建新的填充或调整图层"按钮，在弹出的下拉菜单中选择"曲线"，弹出"曲线"对话框，调整如图 5-106 所示。

图 5-105

图 5-106

（6）新建黑色图层

新建一个图层，填充为黑色，并将图层混合模式设为"正片叠底"，如图 5-107 所示。

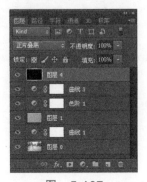

图 5-107

（7）为图层添加杂色

执行"滤镜"→"杂色"→"添加杂色"命令，如图 5-108 所示，弹出"添加杂色"对话框，设置数量为 15%，如图 5-109 所示。

（8）设置"阈值"

执行"图像"→"调整"→"阈值"命令，如图 5-110 所示，在弹出的"阈值"对话框设置阈值色阶为 85，如图 5-111 所示。

图 5-108

图 5-109

图 5-110

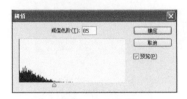

图 5-111

（9）进行动感模糊

执行"滤镜"→"模糊"→"动感模糊"命令，如图 5-112 所示，设置角度为 90 度，距离为 999 像素。然后将该图层的混合模式设为"滤色"，如图 5-113 所示。

图 5-112

图　5-113

技巧提示

为了使画面的古典怀旧感更强，要给画面增加一些残缺感。

本案例中，通过添加杂色，调整阈值，然后使用动感模糊将杂色点变成垂直方向的线条，最后将图层混合模式调整为"滤色"的综合方法来达到效果。在制作怀旧感的照片中，这样是一种常用的方法。

（10）再次新建黑色图层

新建一个图层，填充黑色，再次添加杂色，设置杂色数量为7%，如图5-114所示。

（11）添加"海绵"效果

执行"滤镜"→"艺术效果"→"海绵"命令，如图5-115所示。

（12）再次添加"杂色"

再次添加杂色，设置数值为8%，如图5-116

所示。单击"确定"按钮，然后将该图层的混合模式设为"滤色"。

（13）盖印图层

按快捷键 Shift+Ctrl+Alt+E 盖印图层，如图 5-117 所示。完成效果图的制作，面板调整如图 5-101（b）所示。

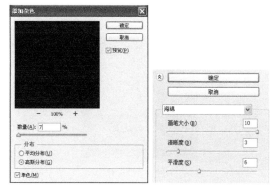

图　5-114　　　　　　图　5-115

图　5-116　　　　　　图　5-117

5.12　【案例12】调整照片中局部的亮度

（a）修饰前　　　　　（b）修饰后

图　5-118

拍照时由于各种原因会出现照片中局部明亮度不够，影响整体效果。本案例通过建立暗部选区，然后单独提亮暗部画面，最后再做一些修饰与调整即可，如图5-118所示。

▶ **操作步骤**

(1) 打开照片

执行"文件"→"打开"命令,弹出"打开"对话框,选择本案例的图像文件,此时的图像效果如图 5-118 (a) 所示,图层面板如图 5-119 所示。

图 5-119

(2) 选取画面高光区域

单击"通道"进入通道面板。按住 Ctrl 键的同时单击 RGB 通道,即可获得高光选区,如图 5-120 所示。

图 5-120

(3) 复制画面暗部

回到图层面板,按快捷键 Shift+Ctrl+I 反选,得到画面的暗部。然后按 Ctrl+J 组合键复制暗部,生成"图层 1",然后将"图层 1"的图层混合模式设为"滤色",如图 5-121 所示。

图 5-121

技巧提示

要提高照片局部的亮度,首先要建立暗部选区。可以先载入高光区域,然后反选即可得到暗部选区。

载入高光选区的方法有两种。方法一:Ctrl+Alt+2。方法二:可以进入通道面板,按住Ctrl 键的同时,单击 RGB 通道即可。

(4) 添加蒙版

单击"添加矢量蒙版",为"图层 1"添加黑色蒙版。然后设置前景色为白色,画笔直径为 100,不透明度为 40%,在画面中比较暗的地方涂抹,使暗部得到提亮,如图 5-122 所示。

图 5-122

(5) 调整色彩平衡

单击图层面板底部的"创建新的填充或调整图层"按钮,在弹出的下拉菜单中选择"色彩平衡"。在"色彩平衡"选项中选择"中间调"单选按钮,设置参数分别为 -10、10、25,如图 5-123 所示。图层面板如图 5-124 所示。

图 5-123   图 5-124

调整色彩平衡后效果如图 5-125 所示。

图　5-125

（6）调整画面的〝亮度 / 对比度〞

单击图层面板的〝创建新的填充或调整图层〞按钮，在弹出的下拉菜单中选择〝亮度 / 对比度〞选项。将对比度设置为 20，其他为默认值，如图 5-126 所示。

（7）盖印图层

按快捷键 Shift+Ctrl+Alt+E 盖印图层，如图 5-127，完成效果图的制作，如图 5-118（b）所示。

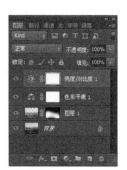

图　5-126　　　　图　5-127

技巧提示

盖印图层，就是将处理后的效果盖印到新的图层上，功能和合并图层差不多，不过比合并图层更好用，因为盖印是重新生成一个新的图层，而不会影响之前所处理的图层，一旦觉得之前处理的效果不太满意，就可以删除盖印图层，之前做效果的图层依然还在。这极大程度上方便处理图片，也可以节省时间。

5.13　【案例 13】调整照片的亮度、对比度

（a）修饰前　　　　　（b）修饰后

图　5-128

〝亮度 / 对比度〞命令也是图像处理中色彩调整的一项重要技术。本案例通过对图像的亮度、对比度的调整，调出满意的画面效果，最后再添加合适的修饰，如图 5-128 所示。

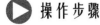 操作步骤

（1）打开照片

执行〝文件〞→〝打开〞命令，弹出〝打开〞对话框，选择本案例的图像文件，此时的图像效果如图 5-128（a）所示，图层面板如图 5-129 所示。

图 5-129

（2）新建"亮度/对比度"调整图层

单击图层面板的"创建新的填充或调整图层"按钮，在弹出的下拉菜单中选择"亮度/对比度"选项。设置亮度为 43，对比度为 100，如图 5-130 所示。

图 5-130

（3）复制背景图层

单击"背景"图层，拖动至图层面板的"创建新图层"按钮，得到"背景 副本"图层，如图 5-131 所示。

图 5-131

技巧提示

亮度/对比度调整图层，可以很好地调节画面偏灰、颜色不清晰的图像。在本案例中，通过增加对比度，使画面颜色丰富，同时提高

亮度，使画面变得更加明亮。

（4）进行高斯模糊

执行"滤镜"→"模糊"→"高斯模糊"命令，如图 5-132 所示，弹出"高斯模糊"对话框。设置高斯模糊半径为 6.0，如图 5-133 所示，单击"确定"按钮。

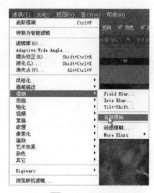

图 5-132

图 5-133

（5）建立蒙版

单击图层面板的"添加矢量蒙版"按钮，为"背景 副本"图层添加蒙版。然后将"背景 副本"图层拖动至"亮度/对比度 1"调整图层下方。此时的图像效果和图层面板如图 5-134 所示。

图 5-134

（6）画笔涂抹人物脸部

选中"背景 副本"图层的蒙版，然后选

择画笔工具，设置前景色为黑色，画笔大小为67，不透明度为40%，流量为100%，如图 5-135所示。在人物的脸部涂抹，使人物脸部变清晰，其他部分保持不变。图层面板如图 5-136 所示。

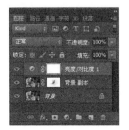

图 5-135

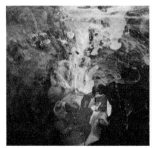

图 5-136

技巧提示

本案例中为了创造一个梦幻的效果，将人物脸部以外的部分模糊，只露出清晰的脸部，画面的意境很好。

使用蒙版时，最好选择柔角画笔，适当降低画笔的不透明度和流量。这样，画笔在画面中的痕迹就不明显，不会影响画面的整体效果。

（7）盖印图层

按快捷键 Shfit+Ctrl+Alt+E 盖印图层，完成最后的效果，如图 5-128（b）所示。

5.14 【案例 14】 调整照片色相 / 饱和度

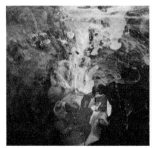

（a）修饰前　　　　（b）修饰后

图 5-137

色相是色彩的首要特征，是区别各种不同色彩的标准。事实上任何黑、白、灰以外的颜色都有色相的属性，而色相也就是由原色、间色和复色来构成的。饱和度可定义为彩度除以明度，与彩度同样表征彩色偏离亮度灰色的程度。注意，与彩度完全不是同一个概念，如图 5-137 所示。

▶ **操作步骤**

（1）打开照片

执行"文件"→"打开"命令，弹出"打开"对话框，选择本案例的图像文件，此时的图像效果如图 5-137（a）所示，图层面板如图 5-138所示。

（2）创建"色相 / 饱和度"调整图层

单击图层面板的"创建新的填充或调整图层"按钮，选择"色相 / 饱和度"调整图层，如图 5-139 所示。图层面板如图 5-140 所示。

图 5-138

图　5-139　　　　图　5-140

（3）设置"色相／饱和度"调整图层

在图层面板单击刚创建的"色相／饱和度"调整图层，设置参数分别为 +120，+80，-20，如图 5-141 所示。

图　5-141

（4）完成

设置好后如图 5-137（b）所示，原本看上去很活力的水墨就变成了有点阴沉的感觉。

5.15 【案例 15】调出暖色调

（a）修饰前

（b）修饰后

图　5-142

对于大多数人来说，橘红、黄色以及红色的色系总是和温暖、热烈等相联系，因而称之为暖色调。通过添加浅橙色图层，让画面暖起来，如图 5-142 所示。

▶ 操作步骤

（1）打开照片

执行"文件"→"打开"命令，弹出"打开"对话框，选择本案例的图像文件，此时的图像效果如图 5-142（a）所示，图层面板如图 5-143 所示。

图　5-143

（2）复制背景图层

将"背景"图层拖动至图层面板的"创建新图层"按钮上，得到"背景 副本"图层，如图 5-144 所示。

图　5-144

（3）创建通道

单击通道面板底部的■按钮，将 RGB 主通道中的亮调载入为选区，如图 5-145 所示。

图 5-145

知识拓展

通道只是一个概念或者是一个工具，简言之，通道就是选区。（或者说是一种选择），当这个选区或选择被存储并可以随时调用的时候，它就成了一条通道。

（4）填充颜色

按 Shift+Ctrl+I 组合键反选，新建一个图层，填充浅橙黄色，颜色值设置如图 5-146 所示。

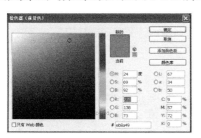

图 5-146

（5）调整图层模式

设置该图层的混合模式为"柔光"，使色调有层次感，如图 5-147 所示。

图 5-147

（6）再复制图层

按 Ctrl+J 组合键复制当前图层，混合模式为"柔光"，不透明度为 60%，如图 5-148 所示。

图 5-148

（7）添加光效

执行"滤镜"→"渲染"→"光照效果"命令，添加自然暖色光效，参数设置如图 5-149 所示。

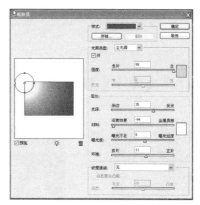

图 5-149

（8）添加光晕

执行"滤镜"→"渲染"→"镜头光晕"，添加电影光晕效果，参数设置如图 5-150 所示。

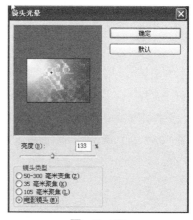

图 5-150

(9) 加强光晕

重复步骤 (8) 操作，加强光晕效果。

(10) 完成

设置完毕后单击"确定"按钮，即可得到效果如图 5-142 (b) 所示。

知识拓展

通道的应用非常的广泛，可以用通道来建立选区，进行选区的各种操作，也可把通道看作由原色组成的图像，因此可利用滤镜进行单种原色通道的变形、色彩调整、复制、粘贴等工作。将通道和蒙版结合起来使用，可以大大简化对相同选区的重复操作，利用蒙版可将各种形式建立的选区存起来，以后再方便调用，而用通道，可以方便地使用滤镜，制造出无法使用选取工具和路径工具制作的各种特效图像。

通道的可编辑性很强，色彩选择、套索选择、笔刷等都可以改变通道，几乎可以把通道作为一个位图来处理，而且还可以实现不同通道相互交集、叠加、相减的动作来实现对所需选区的精确控制。当选定的一个通道时，调色器和色盘将变成黑白灰色阶，用黑白色可以增删选区，而独特的是灰色，灰色所创建的则是一块半透明的区域，因为灰色有 253 级阶度，可以组成色阶渐变，因而可以创建渐变透明的效果，这在某些方面是很有用的，当不想全图层改变透明度时，可以用通道并可以编辑通道成任意形状，再用渐变工具填上灰度渐变，以后这一通道所选择的区域则有渐变透明的属性，可以往该选区内粘贴任何图形都会渐变透明。

5.16 【案例 16】高反差效果

(a) 修饰前　　　　(b) 修饰后

图　5-151

本案例用到的"画笔描边"滤镜组中共包含有 8 个滤镜命令。该组滤镜主要使用不同的画笔和油墨进行描边，从而创建出具有绘画效果的图像外观。需要注意的是，该组滤镜只能在 RGB 模式、灰度模式和多通道模式下使用，如图 5-151 所示。

▶ 操作步骤

(1) 打开照片

执行"文件"→"打开"命令，弹出"打开"对话框，选择本案例的图像文件，此时的图像效果如图 5-151 (a) 所示，图层面板如图 5-152 所示。

图　5-152

（2）复制背景图层

将"图层 0"图层拖动至图层面板的"创建新图层"按钮上，得到"图层 0 副本"图层，如图 5-153 所示。

图　5-153

（3）照片去色

选取"图层 0 副本"图层，执行"图像"→"调整"→"去色"命令进行图层的去色操作，如图 5-154 所示。

图　5-154

技巧提示

在 Photoshop 中，去色的快捷键为 Shift+Ctrl+U。

（4）添加高反差效果

将"图层 0 副本"去色后，执行"滤镜"→"画笔描边"→"深色线条"命令，进行图片的高反差制作，设置参数分别为 10，6，10，如图 5-155 所示。

图　5-155

（5）创建色相调整图层

在图层面板中，执行"创建新的填充或调整图层"→"色相 / 饱和度"命令，创建新的色相 / 饱和度调整图层，如图 5-156 所示。图层面板如图 5-157 所示。

技巧提示

"深色线条"滤镜用短的、绷紧的线条绘制图像中接近黑色的暗区，用长的白色线条绘制图像中的亮区，令图像产生一种很强烈的黑色阴影。

图　5-156　　　　图　5-157

（6）设置"色相 / 饱和度"

在"色相 / 饱和度"的选项中选择"着色"单选按钮，设置参数分别为 170、60、-30，如图 5-158 所示。

图 5-158

（7）完成

设置完毕后即可得到如图 5-151（b）所示的高反差效果。

5.17 【案例 17】黑白照片上色

（a）修饰前

（b）修饰后

图 5-159

在彩色照片技术还没有生成或者普及的历史时代，历史留给我们后人凭吊、回忆的只有黑白的照片。你是否曾经对着那些记录过去的黑白照片幻想过，如果它们被加上色彩，会不会更加华丽呢？那就认真学好本案例的内容吧。如图 5-159 所示。

▶ **操作步骤**

（1）打开照片

执行"文件"→"打开"命令，弹出"打开"对话框，选择本案例的图像文件，此时的图像效果如图 5-159（a）所示，图层面板如图 5-160所示。

图 5-160

（2）复制图层

将"背景"图层拖动至图层面板的"创建新图层"按钮上，得到"背景 副本"图层，如图 5-161 所示。

图 5-161

（3）为皮肤上色

选取"背景 副本"图层，执行"图像"→"调整"→"色相 / 饱和度"命令，在弹出的"色相 / 饱和度"对话框中选择"着色"复选框，设置参数分别为 50，35，-20，如图 5-162 所示。然后创建矢量蒙版将皮肤以外的部分擦除，效果如图 5-163 所示。

图　5-162

图　5-163

（4）添加唇彩

将"背景"图层拖动至图层面板的"创建新图层"按钮上，得到"背景 副本 2"图层。选取"背景 副本 2"图层，执行"图像"→"调整"→"色相 / 饱和度"命令，在弹出的"色相 / 饱和度"对话框中选择"着色"复选框，设置参数分别为 0，90，-40，如图 5-164 所示。然后创建矢量蒙版将嘴唇以外的部分擦除，并将其图层混合模式改为"正片叠底"效果如图 5-165 所示。

图　5-164

图　5-165

（5）创建可选颜色调整图层

在图层面板中，执行"创建新的填充或调整图层"→"可选颜色"命令，创建新的可选颜色调整图层，如图 5-166 所示。图层面板如图 5-167 所示。

图　5-166　　　　　图　5-167

（6）设置"可选颜色"

在"可选颜色"的调整面板中选择"绝对"选项，选择"黄色"调整面板，设置参数青色为 -30；选择"中性色"调整面板，设置参数黑色为 -20；选择"黑色"调整面板，设置参数黑色为 +100，如图 5-168 所示。

图　5-168

（7）完成

设置完成以后，效果如图 5-159（b）所示。

5.18 【案例18】调出写真色

（a）修饰前　　　　　　（b）修饰后

图　5-169

清新亮丽的色调是大多数人都比较热衷的风格，本节将普通生活照进行了多个色调调整，使照片变得明亮动人，如图5-169所示。

▶ **操作步骤**

（1）打开照片

执行"文件"→"打开"命令，弹出"打开"对话框，选择本案例的图像文件，此时的图像效果如图5-169（a）所示，图层面板如图5-170所示。

图　5-170

（2）复制图层

将"背景"图层拖动至图层面板的"创建新图层"按钮上，得到"图层1"图层，如图5-171所示。

图　5-171

（3）新建"曲线"调整图层

单击图层面板上的"创建新的填充或调整图层"按钮，在弹出的下拉菜单中选择"曲线"选项，如图5-172所示。图层面板如图5-173所示。

图　5-172　　　　　　图　5-173

（4）调整曲线

将RGB通道的曲线向上拖动，提亮图像。参数设置如图5-174所示。

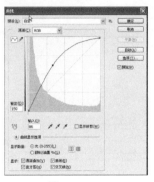

图　5-174

（5）皮肤调整

执行"滤镜"→"模糊"→"表面模糊"命令，对人物皮肤进行光滑处理，如图 5-175 所示，参数设置如图 5-176 所示。

图　5-175　　　　　　图　5-176

（6）修复皮肤瑕疵

单击"修补工具"修复脸部黑痣和痘痘，如图 5-177 所示。

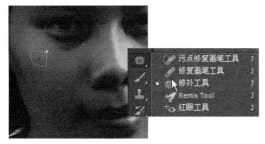

图　5-177

技巧提示

使用修补工具可以用其他区域或图案中的像素来修复选中的区域。与修复画笔工具相似，修补工具将样本像素的纹理、光照和阴影与源像素进行匹配。还可以使用修补工具来仿制图像的隔离区域。

（7）让背景靓起来

创建"可选颜色调整"图层，如图 5-178 所示，分别对红、黄、绿、白、中性色进行调整，参数设置如图 5-179 ~图 5-183 所示。

图　5-178　　　　　　图　5-179

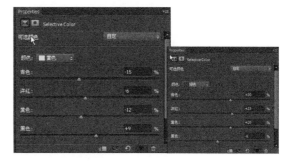

图　5-180　　　　　　图　5-181

图　5-182　　　　　　图　5-183

（8）完成

设置完毕后单击"确定"按钮，即可得到如图 5-169（b）所示效果图。

第6章

大魔术师——数码照片特效制作

6.1 【案例1】打造怀旧照片效果

（a）修饰前

（b）修饰后

图 6-1

"渐变映射"调整将相等的图像灰度范围映射到指定的渐变填充色。如果指定双色渐变填充，例如，图像中的阴影映射到渐变填充的一个端点颜色，高光映射到另一个端点颜色，则中间调映射到两个端点颜色之间的渐变。如图 6-1 所示。

▶ 操作步骤

（1）打开照片

执行"文件"→"打开"命令，弹出"打开"对话框，选择本案例的图像文件，此时的图像效果如图 6-1（a）所示，图层面板如图 6-2 所示。

（2）复制背景图层

将"背景"图层拖动至图层面板的"创建新图层"按钮上，得到"背景 副本"图层，如图 6-3 所示。

图 6-2

图 6-3

（3）新建"渐变映射"调整图层

单击图层面板的"创建新的填充或调整图层"按钮，在弹出的下拉菜单中选择"渐变映射"选项，如图6-4所示。图层面板如图6-5所示。

图 6-4　　　　图 6-5

技巧提示

渐变映射是作用于其下图层的一种调整控制，它是将不同亮度映射到不同的颜色上去。使用渐变映射工具可以应用渐变重新调整图像，应用于原始图像的灰度细节，加入所选的颜色。

（4）设置"渐变映射"参数

弹出"渐变映射"设置面板，单击"可编辑渐变"（左图红框内区域），如图6-6所示；打开"渐变编辑器"窗口，双击"色标"分别更改所选色标的颜色＃3a1d00，＃ffffff，如图6-7所示。

图 6-6　　　　图 6-7

（5）设置图层的混合模式

将"渐变映射"所得效果进行盖印（快捷键为Ctrl＋Alt＋Shift＋E），得到"图层

1"，如图6-8所示，复制"图层1"（快捷键Ctrl+J或参考步骤2中复制图层的方法），设置图层混合模式为"柔光"，如图6-9所示。

图 6-8　　　　图 6-9

设置后得到效果如图6-10所示。

图 6-10

（6）新建"色彩范围"调整图层

单击图层面板的"创建新的填充或调整图层"按钮，在弹出的下拉菜单中选择"色彩平衡"选项，如图6-11所示。图层面板如图6-12所示。

图 6-11　　　　图 6-12

（7）设置"色彩平衡"参数

在"色彩平衡"面板中设置中间调的参数为+10、-14、38，如图6-13所示。

图 6-13

（8）新建"亮度/对比度"调整图层

单击图层面板的"创建新的填充或调整图层"按钮，在弹出的下拉菜单中选择"亮度/对比度"选项，如图 6-14 所示。图层面板如图 6-15 所示。

图 6-14　　　　图 6-15

（9）设置"亮度/对比度"参数

在"亮度/对比度"设置面板中，分别输入 -10、10，如图 6-16 所示。

图 6-16

（10）新建"曲线"调整图层

单击图层面板的"创建新的填充或调整图层"按钮，在弹出的下拉菜单中选择"曲线"选项，降低亮度呈现出怀旧感，如图 6-17 所示。

图 6-17

（11）完成

调整后得到想要的怀旧照片效果如图 6-1(b) 所示。

6.2 【案例 2】制作拼合照片效果

（a）修饰前

（b）修饰后

图 6-18

> Photomerge 是一个图片自动拼贴的命令，类似于全景图拼接，通过不同的模式拼合不同的图片，使用快捷，弥补了老旧的拼合方式，如图 6-18 所示。

▶ 操作步骤

（1）Photomerge

执行"文件"→"自动"→"Photomerge"

命令，弹出 Photomerge 对话框，如图 6-19 所示。

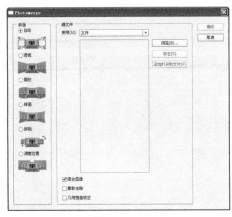

图 6-19

（2）打开照片

单击"Photomerge"对话框的"浏览"按钮，在弹出的"浏览"对话框中选择本案例的图像文件，如图 6-20 所示。

图 6-20

（3）自动拼合

将案例图片选好后，单击"确定"按钮，如图 6-21 所示。

图 6-21

（4）使用"自由变换"命令调整图像

执行"编辑"→"自由变换"命令，对图像进行调整，如图 6-22 所示。

图 6-22

（5）完成

设置后得到拼合效果如图 6-18（b）所示。

6.3 【案例3】制作焦点照片特效

（a）修饰前

（b）修饰后

图 6-23

"径向模糊"对话框中有几个选项，如旋转与缩放是单选，缩放，就如同爆炸效果；而旋转，就如同漩涡效果。效果如图 6-23 所示。

▶ **操作步骤**

(1) 打开素材

执行"文件"→"打开"命令，弹出"打开"对话框，选择本案例的图像文件，此时的图像效果如图 6-23(a)所示，图层面板如图 6-24 所示。

图 6-26

图 6-24

(2) 复制背景图层

将"背景"图层拖动至图层面板的"创建新图层"按钮上，得到"背景 副本"图层如图 6-25 所示。

图 6-27

(4) 使用"自由变换"调整图像

执行"编辑"→"自由变换"命令，在属性栏设置角度为 -10，按 Enter 键确定，效果如图 6-28 所示。

图 6-25

(3) 选择"矩形工具"

选择"矩形工具"在图层中绘制出适当的矩形，并复制选区（快捷键 Ctrl+J），如图 6-26 所示。图层面板如图 6-27 所示。

图 6-28

（5）滤镜"径向模糊"

单击"背景 副本"图层，执行"滤镜"→"模糊"→"径向模糊"命令，弹出"径向模糊"对话框设置参数为 50，得到效果如图 6-29 所示。

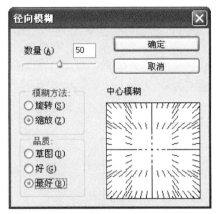

图　6-29

（6）创建"描边"调整图层

单击"图层 1"，选择图层面板的"创建新的填充或调整图层"按钮，在弹出的下拉菜单中选择"描边"，弹出"图层样式"对话框，设置参数为大小：35，颜色：白色（#ffffff），如图 6-30 所示。

图　6-30

（7）创建"投影"调整图层

单击图层面板的"创建新的填充或调整图层"按钮，在弹出的下拉菜单中选择"投影"，弹出对话框设置参数为距离：19，扩展：41，大小：133，如图 6-31 所示。

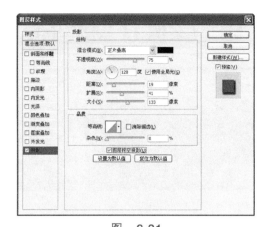

图　6-31

设置后得到效果如图 6-32 所示。

图　6-32

（8）盖印图层

单击"图层 1"，进行图层盖印（快捷键 Ctrl+Alt+Shift+E）得到"图层 2"，如图 6-33 所示。

图　6-33

（9）完成

设置完后得到焦点照片特效如图 6-23（b）所示。

6.4 【案例4】制作雪花飞舞效果

（a）修饰前

（b）修饰后

"阈值"是基于图片亮度的一个黑白分界值，默认值是 50% 中性灰，即 128，亮度高于 128(<50% 的灰) 会变白，低于 128(>50% 的灰) 会变黑，如图 6-34 所示。

图　6-34

▶ 操作步骤

（1）打开照片

执行"文件"→"打开"命令，弹出"打开"对话框，选择本案例的图像文件，此时的图像效果如图 6-34（a）所示，图层面板如图 6-35 所示。

图　6-35

（2）复制图层

将"背景"图层拖动至图层面板的"创建新图层"按钮上，得到"背景 副本"图层，如图 6-36 所示。

图　6-36

（3）滤镜"点状化"

执行"滤镜"→"像素化"→"点状化"命令，弹出"点状化"对话框，设置参数为 15，如图 6-37 所示。

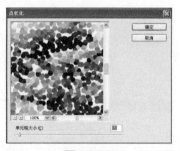
图　6-37

（4）新建"阈值"调整图层

单击图层面板的"创建新的填充或调整图层"按钮，在弹出的下拉菜单中选择"阈值"选项，如图 6-38 所示，弹出设置面板中设置参数为 255，如图 6-39 所示。

图　6-38

图　6-39

（5）设置图层混合模式

将"阈值"所得效果进行盖印（快捷键为Ctrl + Alt + Shift + E），如图 6-40 所示，设置图层混合模式为"滤色"，隐藏"背景副本"和"阈值 1"图层，如图 6-41 所示。

图 6-40　　　　　图 6-41

技巧提示

"阈值"命令将灰度或彩色图像转换为高对比度的黑白图像。可以指定某个色阶作为阈值。所有比阈值亮的像素转换为白色；而所有比阈值暗的像素转换为黑色。

（6）滤镜"动感模糊"

执行"滤镜"→"模糊"→"动感模糊"命令，弹出设置面板，如图 6-42 所示，设置参数为 -50、18，所得效果进行复制得到"图层 1 副本"，再次执行"动感模糊"命令，弹出设置面板设置参数为 -35、15，效果如图 6-43 所示。

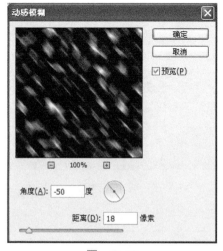

图 6-42

图 6-43

（7）完成

设置完后得到雪花飞舞效果，如图 6-34（b）所示。

技巧提示

添加杂色和点状化共同点就是：效果看上去都是颗粒状，只不过点状化的颗粒要大一点。

点状化是分解原由像素使之成为比较大的颗粒，添加杂色是分析原有像素的基础上，添加杂点原有像素不产生位移。

知识拓展

模糊工具的使用

模糊工具是将涂抹的区域变得模糊，模糊有时候是一种表现手法，将画面中其余部分作模糊处理，就可以凸现主体。图 6-44 是齿轮的摄影图片，为了突出第一个齿轮，我们将后方两个齿轮使用模糊工具涂抹。

图 6-44

6.5 【案例 5】制作照片撕裂效果

(a) 修饰前

(b) 修饰后

"晶格化"将像素结块为单一颜色的多边形栅格，晶格化后的图片和没有晶格化的图片差别很大，晶格后的有点类似毛玻璃的感觉，如图 6-45 所示。

图 6-45

▶ **操作步骤**

(1) 新建文件

执行"文件"→"新建"命令，弹出"新建"对话框，设置宽度为 845 像素，高度为 600 像素，分辨率为 150 像素，命名为"撕裂效果"，如图 6-46 所示。

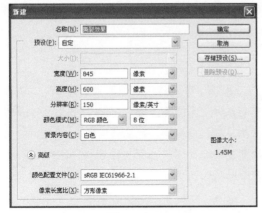

图 6-46

(2) 打开照片

执行"文件"→"打开"命令，弹出"打开"对话框，选择本案例的图像文件，此时的图像效果和图层面板如图 6-47 所示。

图 6-47

(3) 选择套索工具

在工具箱中选择"套索工具"，将图片选取一半如图 6-48 所示。

图 6-48

（4）新建"Alpha"通道

在控制面板上选择"通道"面板，单击创建新通道得到"Alpha 1"通道，如图 6-49 所示。

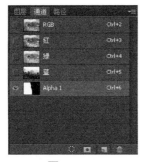

图　6-49

（5）滤镜"晶格化"

执行"滤镜"→"像素化"→"晶格化"命令，弹出设置"晶格化"对话框，设置参数为 10，如图 6-50 所示。

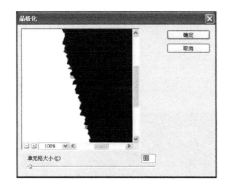

图　6-50

（6）剪切图层

单击 RGB 通道，返回"图层"面板。选择"套索工具"，右击图像，选择"通过剪切的图层"得到"图层 1"和"图层 2"，将"图层 2"右移，如图 6-51 所示。

图　6-51

（7）设置"投影"

单击图层面板上的"添加图层样式"，选择"投影"命令，弹出图层样式对话框，设置参数如图 6-52 所示。

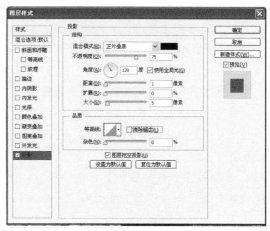

图　6-52

（8）复制图层样式

选择"图层 2"，右击，弹出混合选项选择"拷贝图层样式"，将"图层 2"的图层样式粘贴到"图层 1"上，如图 6-53 所示。

图　6-53

技巧提示

文字先要栅格化，才可以进行处理的，（栅格化之后就不可以再改变字体）。

可执行"图层"→"栅格化"→"文字"命令，或在图层蒙版上右击，选择"栅格化"命令。

（9）完成

投影命令设置完后得到立体的效果如图 6-45（b）所示。

知识拓展

一个图层都是由许多像素组成的，而图层又通过上下叠加的方式来组成整个图像。

在设计的时候很多图形都分布在多个图层上，而对这些已经确定的图形不会再修改了，可以将它们合并在一起以便于图像管理。合并后的图层中，所有透明区域的交叠部分都会保持透明。

如果是将全部图层都合并在一起可以选择菜单中的"合并可见图层"和"拼合图层"等选项，如图 6-54 所示，如果选择其中几个图层合并，根据图层上内容的不同有的需要

先进行删格化之后才能合并。删格化之后菜单中出现"向下合并"选项，要合并的这些图层集中在一起这样就可以合并所有图层中的几个图层了。

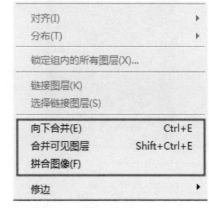

图　6-54

6.6　【案例 6】制作照片卷边效果

（a）修饰前

（b）修饰后

"渐变工具"先建立一个选区，然后用渐变工具，可以直接按 G 键。效果如图 6-55 所示。

图　6-55

▶ **操作步骤** ///////////////////////////////////////

（1）打开照片

执行"文件"→"打开"命令，弹出"打开"对话框，选择本案例的图像文件，此时的

图像效果如图 6-55(a)所示，图层面板如图 6-56 所示。

图 6-56

（2）复制背景图层

将"背景"图层拖动至图层面板的"创建新图层"按钮上，得到"背景 副本"图层，如图 6-57 所示。

图 6-57

（3）选择矩形选框工具

创建新建图层得到"图层 1"，在工具箱中选择"矩形选框工具"，在照片中框选矩形如图 6-58 示。

图 6-58

（4）选择渐变工具

在工具箱中选择"渐变工具"，在选项栏中单击可"可编辑渐变"弹出"渐变编辑器"窗口，双击"色标"分别更改所选色标的颜色为 #b3b3b3、#ffffff、#6f6f6f，如图 6-59 所示。

图 6-59

（5）渐变填充

填充矩形选区的颜色，如图 6-60 所示。

图 6-60

（6）选择自由变换工具

使用"自由变换"命令（快捷键 Ctrl+T），然后右击"透视"选项将左上角的点垂直下拉，如图 6-61 所示。

图 6-61

（7）选择椭圆选框工具

在工具箱中选择"椭圆选框工具"，拖动出一个适合大小的形状，将锥形尾部删除（快捷键 Delete），将图层移至右下角，如图 6-62 所示。

图　6-62

（8）选择钢笔工具绘制背景

在"背景 副本"图层上新建图层得到"图层 2"，选择工具箱中的"钢笔工具"，在右下角绘制一个三角形后使用"羽化"命令（快捷键 Ctrl+Enter）填充白色，如图 6-63 所示。

图　6-63

（9）选择钢笔工具绘制阴影

在"背景 副本"图层上新建图层得到"图层 3"选择工具箱中的"钢笔工具"，在右下角绘制路径如图 6-64 所示。

图　6-64

（10）羽化填充

使用"羽化"命令（快捷键 Ctrl+Enter）建立选区，执行"选择"→"修改"→"羽化"命令，弹出"羽化选区"对话框，设置参数为 15，填充黑色如图 6-65 所示。

图　6-65

（11）设置"不透明度"调整图层

设置图层"不透明度"为 30%，得到最终效果如图 6-66 所示。

图　6-66

（12）完成

照片卷边效果制作完毕，如图 6-55（b）所示。

6.7　【案例 7】照片燃烧效果

（a）修饰前　　　　　　（b）修饰后

图　6-67

燃烧效果是通过使用"套索工具"在图像中绘制选区，然后将选区填充后进行晶格化处理，从而达到比较真实的破碎边缘，再调节颜色，最终达到照片的燃烧效果，如图 6-67 所示。

▶ 操作步骤

（1）打开照片

执行"文件"→"打开"命令，弹出"打开"对话框，选择本案例的图像文件，此时的图像效果如图 6-67（a）所示，图层面板如图 6-68 所示。

图　6-68

（2）复制图层

将"背景"图层拖动至图层面板的"创建新图层"按钮上，得到"背景 副本"图层，如图 6-69 所示。

图　6-69

（3）选择套索工具绘制选区

选择工具栏中的"套索工具"，在图像中绘制选区，如图 6-70 所示。

图　6-70

（4）新建"纯色"调整图层

单击图层面板上的"创建新的填充或调整图层"按钮，在弹出的下拉菜单中选择"纯色"选项，如图 6-71 所示，填充白色，如图 6-72 所示。

图　6-71　　　图　6-72

（5）滤镜"晶格化"

单击"图层蒙版缩略图"，执行"滤镜"→"像素化"→"晶格化"命令，弹出"晶格化"对话框设置参数为25，如图6-73所示。

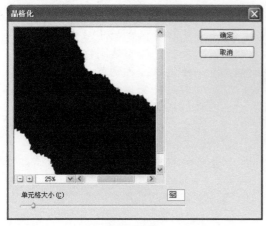

图 6-73

（6）扩展选区

建立"图层蒙版缩略图"选区（快捷键Ctrl+鼠标左键），执行"选择"→"修改"→"扩展"命令，弹出"扩展选区"对话框，设置参数为20，如图6-74所示。

图 6-74

（7）羽化选区

在步骤（6）基础上执行"选择"→"修改"→"羽化"命令，弹出"羽化选区"对话框，设置参数为20，如图6-75所示。

图 6-75

（8）从选区中减选蒙版

右击"图层蒙版缩略图"，选择"从选区中减选蒙版"命令，效果如图6-76所示。

图 6-76

（9）新建"色相/饱和度"调整图层

单击图层面板上的"创建新的填充或调整图层"按钮，在弹出的下拉菜单中选择"色相/饱和度"选项，如图6-77所示，弹出属性面板设置参数为19、24、-72，如图6-78所示。

图 6-77　　　　图 6-78

（10）复制色相/饱和度

将"色相/饱和度1"图层拖动至图层面板的"创建新图层"按钮上，得到"色相/饱和度1副本"图层，修改参数为13、22、-21，如图6-79所示。

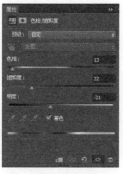

图 6-79

（11）完成

调整后得到了想要的照片燃烧效果，如图 6-67（b）所示。

技巧提示

建立选区时在选区没有取消的情况下使用"晶格化"效果是无效的。如果建立选区后使用"快速蒙版"（快捷键 Q）命令可以使选区产生晶格化效果。

6.8 【案例 8】制作胶卷效果

（a）素材

（b）效果图

图　6-80

"创建剪切蒙版"可以使用图层的内容来蒙盖它上面的图层。底部或基底图层的透明像素蒙盖它上面的图层（属于剪贴蒙版）的内容。剪贴蒙版中只能包括连续图层，如图 6-80 所示。

▶ **操作步骤**

（1）新建图层

执行"文件"→"新建"命令，弹出"新建"对话框，设置参数如图 6-81 所示。

图　6-82

（3）选择矩形选框工具

单击图层面板的"创建新图层"按钮，选择"矩形选框工具"在图层中绘制出适当的矩形，并填充黑色，如图 6-83 所示。

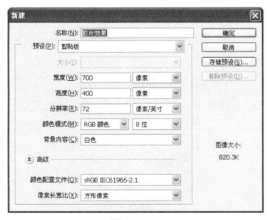

图　6-81

（2）复制背景图层

将"背景"图层拖动至图层面板的"创建新图层"按钮上，得到"背景 副本"图层，如图 6-82 所示。

图　6-83

（4）选择圆角矩形工具

单击图层面板的"创建新图层"按钮，

得到"图层 1",选择"圆角矩形工具",设置参数如图 6-84 所示,在属性栏选择路径,在图像中绘制合适图形,填充白色,如图 6-85 所示。

图 6-84

图 6-85

(5)复制图层

将"图层 1"垂直复制(快捷键 Shift+Alt+鼠标左键),单击"图层 1",按 Ctrl+ 鼠标左键单击"图层 1 副本 5"在属性栏中选择"水平居中分布",合并图层的到"图层 1 副本 5"并复制得到"图层 1 副本 6",效果如图 6-86 所示。

图 6-86

(6)选择圆角矩形工具

单击图层面板的"创建新图层"按钮,选择"圆角矩形工具",在弹出的"创建圆角矩形"对话框中设置参数,如图 6-87 所示,在图像中绘制合适图形,重复步骤(5)操作,效果如图 6-88 所示。

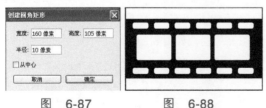

图 6-87　　　图 6-88

(7)打开素材

执行"文件"→"打开"命令,弹出"打开"对话框,选择本案例的图像文件,此时的图像效果如图 6-89 所示。

图 6-89

(8)创建剪切蒙版

将三张素材进行合并(快捷键 Ctrl+E),并创建剪切蒙版,并将"图层 1 副本 3"进行盖印得到"图层 1",如图 6-90 所示。

(9)旋转画布

执行"图像"→"图像旋转"→"90 度(顺时针)"命令,得到效果如图 6-91 所示。

图 6-90　　　图 6-91

(10)滤镜"切变"

将盖印图层执行"滤镜"→"模糊"→"径向模糊"命令,弹出"切变"对话框,如图 6-92 所示。

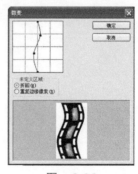

图 6-92

(11)完成

执行"图像"→"图像旋转"→"90 度(逆时针)"命令完成效果,如图 6-80(b)所示。

6.9 【案例 9】制作木刻效果

（a）原图

（b）素材

（c）效果图

图　6-93

当用"选择框"选取图片时，想扩大选区，这时按住 Shift 键，光标"+"会变成又多了一个加号，拖动光标，这样就可以在原来选取的基础上扩大所需的选择区域，如图 6-93 所示。

▶ 操作步骤

（1）打开素材

执行"文件"→"打开"命令，弹出"打开"对话框，选择本案例的图像文件，此时的图像效果如图 6-93（a）所示，图层面板如图 6-94 所示。

图　6-94

（2）快速选择工具

单击"快速选择"工具，在工具栏里单击"只对连续像素取样"，取消选择，单击"剪纸"素材中黑色部分建立选区，复制图层得到"图层 1"，如图 6-95 所示。

图　6-95

（3）创建"混合选项"

把素材拖动至"木纹"素材，在创建图层样式选择"混合选项"，如图 6-96 所示。

图　6-96

（4）设置"混合选项"

在"图层样式"对话框中把"填充不透明度"中的不透明度数值调至"0"，如图 6-97 所示。

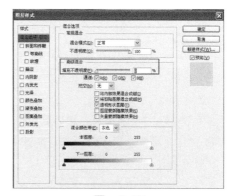

图　6-97

（5）创建"斜面和浮雕"

创建图层样式，选择"斜面和浮雕"，如图 6-98 所示。

图　6-98

（6）设置"斜面和浮雕"参数

在弹出的"图层样式"对话框中，将样式设置为"枕状浮雕"，方式设置为"雕刻清晰"，深度设置为 1000，大小设置为 20，角度设置为 120，高光模式不透明度设置为 45%，阴影模式不透明度为 50%，如图 6-99 所示。

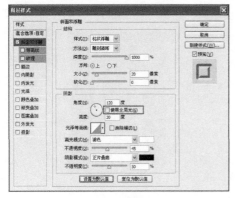

图　6-99

（7）完成

设置完后得到了想要的木刻效果，如图 6-93（b）所示。

知识拓展

混合选项中有以下几种混合选项：

1. 正常模式

正常模式将下面的像素用增添到图像中的像素取代，这是对背景像素的一个直接替代。

2. 溶解模式

本模式将前景色调随机分配在选择区域中，因而破坏一个选择或笔画。

3. 正片叠底和滤色模式

正片叠底的功能与滤色模式的功能正好相反，在正片叠底模式中绘图时，前景色调与一幅图像的色调结合起来，减少绘图区域的亮度。

4. 叠加模式

本模式加强绘图区域的亮度与阴影区域，将这种模式用到一个浮动选择时，会在背景图像上创建一个强烈的亮度与阴影区域。

5. 柔光与强光模式

这是组合效果模式，这两种模式都影响到基础色调（所谓基础色调就是在上面绘图合成一个选择的背景图像的色调）。

6. 变暗与变亮模式

变暗模式只影响图像中比前景色调浅的像素，数值相同或更深的像素不受影响。

7. 差值模式

本模式同时对绘图的图像区域与当前前景色进行估算。

8. 色相模式

本模式只改变色调的阴影，绘图区域的亮度与饱和度均不受影响。

9. 饱和度模式

如果前景色调为黑色，这种模式就将色调区域转化为灰度。

10. 颜色模式

本模式同时改变一个选择图像的色调与饱和度，但不改变背景图像的色调成分，即在大多数照片图像中组成视觉信息的特性。

11. 明度模式

本模式增加图像的亮度特性，但不改变色调值。在增亮一幅图像中过饱和的色调区域时要小心谨慎，用笔划使用此模式时，将画笔调色板上的透明度下降到大约 30%。

12. 排除模式

这种模式产生一种比差值模式更柔和、更明亮的效果。无论是差值还是排除模式都能使人物或自然景色图像产生更真实或更吸引人的图像合成。

第**7**章

千变万化，游刃有余——数码照片的综合应用

项目描述

图像合成在平面设计，特别是在平面广告中起到非常重要的作用，它使得设计师天马行空般的创意能在画面中真实地呈现，来源于现实，而又不同于现实，仿佛置身于童话世界中，或超现实世界中。本项目主要利用 Photoshop 中的变换工具进行图形图像的合成。

能力目标

通过使用合成技巧制作各种平面海报的学习，可以掌握 Photoshop 中几种工具及命令的综合应用。

1. 在制作过程中应用到 PS 的工具有：移动工具、魔棒工具、橡皮擦工具、加深减淡工具、油漆桶工具、钢笔工具等；

2. 使用到的命令有：变形命令、去色命令、色相饱和度命令、图层混合模式应用、投影图层样式、路径文字、画笔描边命令、色阶命令、色彩范围命令等。

7.1 【综合案例 1】制作电影海报

任务描述

本任务中要制作电影宣传海报，以《梅兰芳》为例，采用了蒙版叠加的手法。

任务分析

随着近年来电影的火爆，电影的宣传海报已经越来越重要，人们往往停留在海报的时间只有数秒，那么要怎么在短短的几秒钟吸引住大家的眼球呢？这就是电影海报的宣传目的，在大效果上要能吸引住眼球，停留细看后又能了解电影精华之处。

本次案例主要采用了深色的调子，让人的视觉一下就集中在主角的脸部和电影的名字上，多次采用了蒙版的手法，下面一步一步介绍制作过程。最终效果想要如图 7-1 所示。

图 7-1 电影海报效果图

方法与步骤

1．启动 Photoshop CS6，执行"文件"→"新建"命令，新建一个大小为 210×297 毫米的图像文件，分辨率为 300 像素／英寸，颜色模式为 RGB 颜色，背景为白色，图像文件名称为"电影海报"，如图 7-2 所示。

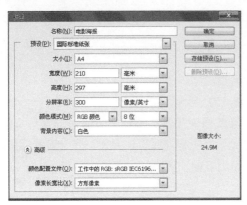

图 7-2

2．在图层面板中单击"创建新图层"按钮，新建一个"图层 1"图层，单击填充工具，弹出填充对话框，设置前景色为黑色，效果如图 7-3 所示。

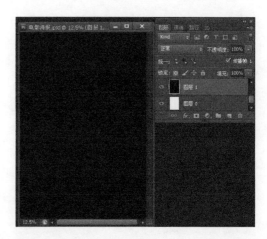

图 7-3

3．打开素材，选择"椭圆选框工具"，框选后按快捷键 Shift+F6 弹出"羽化选区"对话框，并调节羽化半径为 50 像素，如图 7-4 所示。效果如图 7-5 所示。

图 7-4

图 7-5

4．把素材拖动到图层 1 的上方，并调节透明度，如图 7-6 所示。

图 7-6

5．打开底纹素材拖动到合适位置，并调节透明度，如图 7-7 所示。

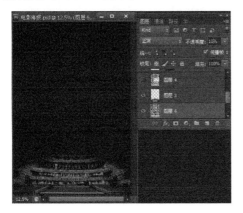

图 7-7

6．打开主角素材，在图层面板中选中主角素材，单击"添加蒙版工具"给素材添加一个蒙版。然后在工具箱中选择画笔，设置画笔为柔角 300 像素，主直径为 58，调整后如图 7-8 所示。

图 7-8

7．用橡皮工具把遮住主角的底纹擦干净，如图 7-9 所示。

图 7-9

8．最后把文字输入，如图 7-10 所示。

图 7-10

相关知识与技能

1．在运用"色相／饱和度"命令对图像进行变色的时候，如果该图像是黑白图将不能变色。为此，必须选择"着色"选项对图像进行着色后，图像才能变色。

2．在羽化色块边缘的时候，除对选区进行羽化后（羽化快捷键 Shift+F6）再填充颜色，还可以先对选区进行填充后，取消选区，再执行"滤镜"→"模糊"→"高斯模糊"命令来实现色块边缘的羽化效果。

3. 在绘制虚线的时候，除了以点为元件的虚线外，还可以通过预设画笔的形状，实现以不同形状（如方点,长方形点）为元件的虚线。

拓展与提高

在平面设计中，特别是在广告制作中，创意是一则广告成功与否的关键因素，更是广告的灵魂。创意是既来源生活又高于生活的奇思妙想。一则好的广告除了有新颖的广告创意之外，版面布局和色彩的运用有时也是突显主题的一种有效方式。为了突出主题，制作者会采用 S 型、V 型、L 型、对角线、垂直线等多种布局形式，同时广告色彩也会注意暖色系、冷色系、中性色的色调统一，以及对比色、相似色、互补色的搭配运用。广告采用的艺术手法也多种多样，比如拟人的艺术手法，当然夸张更是大部分广告青睐的艺术手法。

专业的广告设计涉及的版面布局和色彩运用需要一定的美工基础，但是这些都可以通过平时的多观察、多模仿、从模仿到变化中的多思考、多实践来弥补。

在牛仔裤广告中，为了达到拟人的形象效果，突出"塑造臀部曲线"这个主题，使用了 PS 里的"变化"→"变形工具"命令对圆嫩的苹果与牛仔布进行组合，而 S 型版面布局应用到 PS 中的钢笔工具、画笔描边等工具；在读书会宣传广告中，采用了夸张、超现实的艺术手法来表现"读书"的神奇效果，同时为了表现这一主题应用了 PS 中的样式面板、图层样式、通道抠图技巧等。

思考与练习

叠加混合模式的工作原理是什么？

1. "图层样式"→"投影"效果中所使用的混合模式是什么，该模式的工作原理是什么？

2. 上网或通过查找相关书籍，了解各种混合模式的工作原理。

7.2 【综合案例 2】制作可爱大头贴

任务描述

本任务中要制作一个大头贴的相册模板，随着人们生活的日益丰富，照大头贴的机器也必须进步才能有更好的业务量，所以丰富多彩的相册模板就是首先要做的，本任务做的是比较可爱的一种模板，适合年轻一族，色彩比较丰富。

任务分析

在了解了大头贴相册模板的创意之后，明确目标，整个模板以中间的苹果相框为中心，人物照相效果显示在苹果里面，给人感觉非常有趣，如图 7-11 所示。

图 7-11 大头贴相册效果图

◐ **操作步骤**

1. 启动 Photoshop CS6，执行"文件→"新建"命令，弹出"新建"对话框，设置文件名称为"大头贴相册模板"，设置宽度为 210 毫米，高度为 297 毫米，分辨率为 300 像素 / 英寸，颜色模式为 RGB 颜色模式，单击"确定"按钮，创建一个新的图像文件，设置参数如图 7-12 所示。

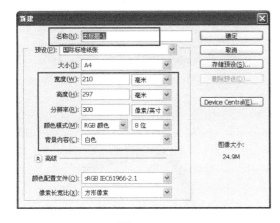

图 7-12

2. 用钢笔工具绘制出苹果外轮廓路径，如图 7-13 所示，填充为红色，再用矩形框选工具，按住 Shift 键绘制正方形，并填充粉红色，通过复制、调整明度得到如图 7-14 所示的正方形。

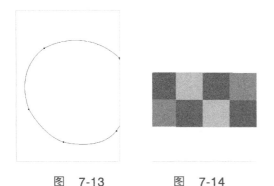

图 7-13　　　　图 7-14

3. 选中矩形图层，按 Ctrl+T 组合键自由变换图层，此时矩形中出现一个自由变换的选框，在选框里右击，弹出菜单，选择变形工具，如图 7-15 所示，对本图层进行变形调整，调整后得出如图 7-16 所示效果。

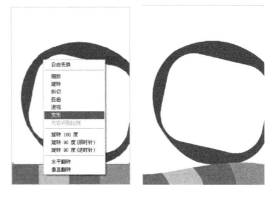

图 7-15　　　　图 7-16

4. 继续用钢笔工具绘制出草丛和苹果枝叶等，填充对应颜色后如图 7-17 所示，右击草丛图层弹出菜单，选择图层样式，为草丛添加描边效果，右击草丛图层，设置参数如图 7-18 所示，再选择"拷贝图层样式"，选中苹果枝叶图层，粘贴图层样式后，枝叶出现描边效果如图 7-19 所示。

图 7-17

图 7-18

图　7-19

5．调整好画笔大小，如图 7-20 所示，用钢笔工具画出叶子内部的分支，画好路径后右击，弹出菜单，选择描边路径，弹出如图 7-21 所示对话框，确定后效果如图 7-22 所示。

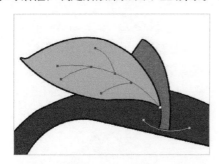

图　7-20

图　7-21

图　7-22

6．右击工具栏里的形状工具，选择自定义形状工具，打开选择的库如图 7-23 所示，选中所需的云朵形状，在画布中拉出合适大小，

并输入"HAPPY"字样，如图 7-24 所示。

图　7-23

图　7-24

7．为背景填充一个由黄色至绿色的径向渐变效果，如图 7-25 所示。选中背景图层，执行"滤镜"→"像素化"→"晶格化"命令，操作如图 7-26 所示。命令参数设置如图 7-27 所示，最终效果如图 7-11 所示。

图　7-25

图　7-26

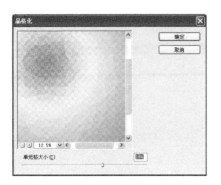

图　7-27

相关知识与技能

1．灵活运用钢笔工具，勾画出简单的图形。
2．善用 Ctrl+T 变形命令。
3．运用滤镜中像素化里的晶格化命令。

7.3　【综合案例 3】制作台历照片

任务描述

　　本任务中要制作 2012 年台历，以可爱的婴儿为例。随着时代的发展，台历的样式越来越多，有结合公司信息的台历，有成系列的台历，丰富多彩。本次采用的是比较亲切的粉红色调，整体风格比较可爱，以吸引低龄的儿童为主。

任务分析

　　在了解了台历创意之后，明确目标，如图 7-28 所示，整体切割为 2 个大版块，下面是粉红色部分，台历的内容都在里面，上面白色部分是以图片和标题为主，整体构图舒服，给人一种清新的感觉。

图　7-28

▶ **操作步骤**

　　1．启动 Photoshop CS6，执行"文件"→"新建"命令，打开"新建"对话框，设置文件名称为"外页 美容院折页"，设置宽度为 30.48 厘米，"高度"为 21.78 厘米，"分辨率"为 150 像素 / 英寸，"颜色模式"为 CMYK 模式，单击"确定"按钮，创建了一个新的图像文件，如图 7-29 所示。

图　7-29

2. 用矩形选区工具填充出一个粉色长方形，再调整画笔工具的间距，按 Shift 键使用画笔从左到右绘制出等比排列的圆圈，如图 7-30 ~ 图 7-32 所示。 使用椭圆选区工具，先画第一个圆圈选区，如图 7-33 所示，再按住 Shift 键加选选区，绘制出如图 7-34 图所示选区。

图 7-30

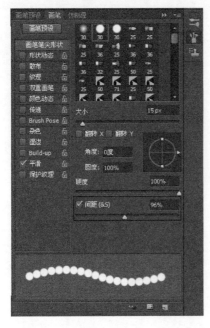

图 7-31

图 7-32

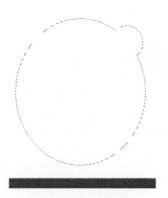

图 7-33

图 7-34

3. 填充选区，并复制，按 Ctrl+T 组合键变换工具调整大小，改变颜色后如图 7-35 所示。

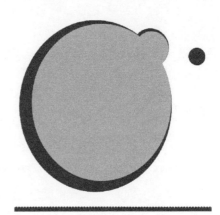

图 7-35

4. 导入素材图片如图 7-36 所示，使用椭圆选区创建剪贴蒙版，如图 7-37 ~ 图 7-39 所示。

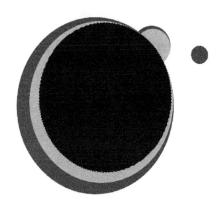

图　7-36

图　7-37

图　7-38

图　7-39

5．选择工具箱中的矩形工具，按住鼠标左键不放，弹出菜单，选择自定义形状工具，在上面的工具栏打开选择库，如图 7-40 所示。拖动到画面后如图 7-41 所示。

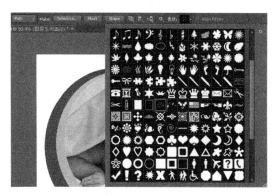

图　7-40

图　7-41

6．用钢笔工具结合自定义形状里的图形，绘制如图所示的日历日子，把对应的字母和数字输入进去，效果如图 7-42 所示。

图　7-42

7. 选中下面粉红色选区，进入滤镜库，使用纹理化滤镜，如图 7-43 所示，设置如图 7-44 所示，所得效果如图 7-45 所示。

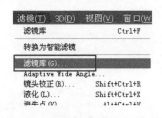

图　7-43

图　7-44

图　7-45

8. 用画笔工具绘制出兔子，复制放大后调整透明度，放在对应位置，添加 May 和 2012 的字样（2012 可以自己设计），效果如图 7-46 所示。

9. 用画笔工具绘制背景和投影，用钢笔工具绘制立体日历，通过调整效果图的透视最终完成效果如图 7-28 所示。

图　7-46

相关知识与技能

1. 巧用选区工具画出各种形状。
2. 复制图形按快捷键 Alt+ 鼠标左键时，注意用鼠标拖动图形。
3. 打开滤镜使用滤镜库中的纹理化。

拓展与提高

就算现在 PS 的功能已经非常强大，但如果要将一张黑白相片变成逼真的彩色照片，仍然困难重重，而且效果也差强人意。在彩色胶卷发明之前，人们就已经有很多种方法对一张黑白相片上色。

在摄影技术发明之后，印刷公司对一些手工上色的彩色照片需求急剧上升，当时一般是在黑白照片上覆盖一个手工上色的图层。有些出来的效果还基本上算是可圈可点的，但这种人工上色的方法总是给人一种不真实的感觉及缺乏一些细微的色泽变化，并不能准确表达一些精致的细节。

7.4 【综合案例 4】制作婚纱相册封面

任务描述

本任务中要制作一幅婚纱相册的封面，利用画笔和图层混合模式来营造温馨的气氛。

任务分析

在了解了设计创意之后，明确目标，如图 7-47 所示，画面整体给人非常温馨的感觉，添加了斑点烘托气氛，整体色调比较温和。

图　7-47

方法与步骤

1. 启动 Photoshop CS6，选择"文件"→"新建"命令，新建一个大小为 600*150 像素的图像文件，分辨率为 150 像素 / 英寸，颜色模式为 RGB，背景为白色，图像文件名称为"婚纱相册封面"。设置参数如图 7-48 所示。

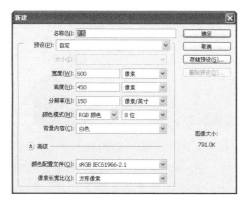

图　7-48

2. 打开素材"婚纱照片 .jpg"，把素材复制到新建文档中作为背景，如图 7-49 所示。

图　7-49

3. 用修复工具修补，如图 7-50 所示。去除人物皮肤的污点，效果如图 7-51 所示。

图　7-50

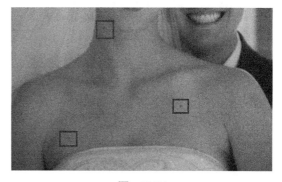

图　7-51

4. 给人物皮肤磨皮，按 Ctrl+J 组合键，再复制一层背景，并执行"滤镜"→"模糊"→"表面模糊"命令，如图 7-52 所示，在弹出的对话框设置好参数，如图 7-53 所示。

图 7-52

图 7-53

5. 按住 Alt 键 给 图 层 添 加 蒙 版 ，蒙版里把人物皮肤用白色画笔涂出来，如图 7-54 和图 7-55 所示。

图 7-54

图 7-56

图 7-57

7. 为提亮照片和给照片制作柔光效果，执行"混合模式"→"滤色"命令，并设置透明度为 50%，如图 7-58 和图 7-59 所示。

图 7-58

图 7-55

6. 再复制一层背景，执行"滤镜"→"模糊"→"高斯模糊"命令，如图 7-56 和图 7-57 所示。

图 7-59

8. 做一个画笔的图案。新建一个图层，填充 50% 的灰。并在原先选区右击，在弹出菜单中选择羽化选项，设置参数为 3xp。新建一个图层填充黑色，把灰色圆圈的图层移动到上面，按 Ctrl+E 组合键合并图层，如图 7-60 所示。

图　7-60

9. 将上一步设置后的图案载入选区。在菜单栏"编辑"里选择"定义画笔预设"，将图案变为画笔，如图 7-61 所示。

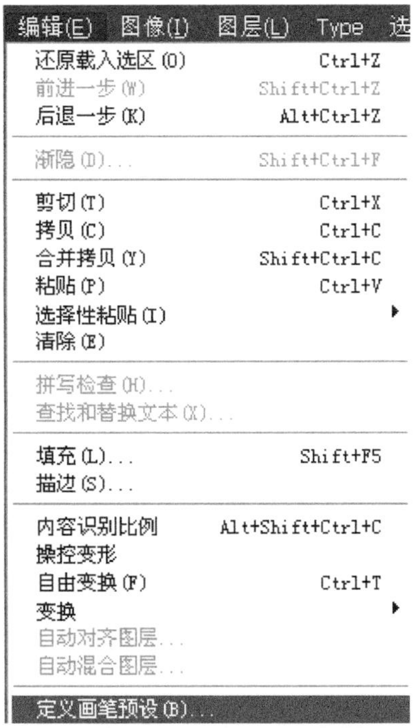

图　7-62

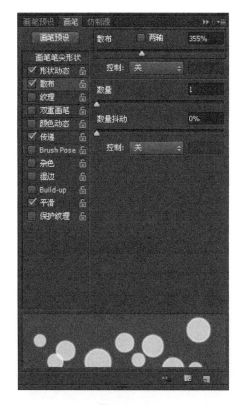

图　7-61

10. 选择图案，画笔颜色为白色。设置画笔预设如图 7-62～图 7-65 所示。

图　7-63

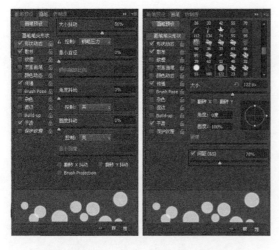

图 7-64　　　　图 7-65

11．新建一个图层，用上一步设置好的画笔在图层上画出散布圈，如图 7-66 所示

图　7-66

12．按 Ctrl+J 组合键复制上一步的图层，执行"滤镜"→"模糊"→"径向模糊"命令，再执行"滤镜"→"模糊"→"动感模糊"命令。设置数值如图 7-67 和图 7-68 所示。

图　7-67

图　7-68

13．新建一个图层，用选区画两个矩形，打上自己喜欢的文字，如图 7-69 所示。

图　7-69

14．为了让封面更加精细，可以加一些蕾丝花边。运用路径画一个做蕾丝花边的图案，选择椭圆工具，如图 7-70 所示。

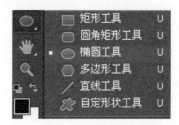

图　7-70

15．按住 Shift 键画一个正圆，在画笔面板里，选择硬边的画笔，并在画笔预设里调整画笔间距，如图 7-71 所示。

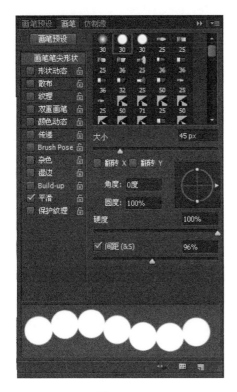

图　7-71

16．回到路径，右击描边，这样一朵小花就形成了，并把小花的中心填满，再按 Ctrl+T 组合键把原先路径缩小，如图 7-72 所示。再运用以上步骤，同理做出所要图形，如图 7-73 和图 7-74 所示。

图　7-72

 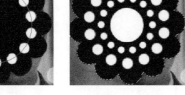

图　7-73　　　　图　7-74

17．同以上步骤，将图案载入自定义画笔预设后，在画笔面板里设置好画笔间距。新建一个图层，按住 Shift 键画出花边，并设置好花边投影，如图 7-75 所示。

图　7-75

18．完成，效果如图 7-47 所示。

相关知识与技能

1．灵活运用"选择"→"变换"选项中的各个选项，可以对对象的大小、形状、方向进行调整。

2．为了让选区的边缘更柔和，可在激活任何选区工具的情况下，使用"调整边缘"选项，通过调整其中的选项如"平滑"、"羽化"、"对比度"等参数来调整选区的边缘效果。

3．巧用"色阶"命令调整图像黑白对比度。单击"白场"吸管，吸取画面中的灰色部分，会使灰色部分变白（灰度越深，画面白色部分越多）；反则，单击"黑场"吸管，吸取画面中的灰色部分，会使灰色部分变黑（灰度越深，画面黑色部分越多）。此技巧在通道抠图中使用较方便。

拓展与提高

投影的制作。物体的投影除了使用图层面板中的"混合选项"→"投影"命令来设置以外，对于空间感较强的投影，可以使用以下的方法制作：

1．使用选区工具绘制投影的轮廓选区；

2．对选区填充黑色（也可以是另外的深颜色，具体视空间环境而定）；

3．取消选区（这个步骤非常重要，否则步骤 4 将失效）；

4．对色块执行"滤镜"-"模糊"-"高斯模糊"命令（参数自拟）；

5．改变色块所在图层的图层混合模式为"正片叠底"，同时降低图层不透明度。

6．完成。

思考与练习

1．总结生成选区有多少种方法？

2．用混合模式里的"滤色"会产生什么效果？

7.5 【综合案例 5】用数码照片做 CD 封面

任务描述

本任务中我们要制作一个 CD 封面，画面要简洁而又能让人留下深刻的印象。

任务分析

在了解了设计创意之后，需了解任务所需要的技能。首先需要用到蒙版来合成 2 个不同的动物头像，然后需要用调色工具把 2 个素材的颜色调整和谐，这样就完成了一个简洁的 CD 封面设计了。最终效果如图 7-76 所示。

图 7-76

方法与步骤

1．启动 Photoshop CS6，执行"文件"→"新建"命令，新建一个大小为 1000×1000 像素的图像文件，分辨率为 150 像素 / 英寸，颜色模式为 RGB，背景为白色，如图 7-77 所示。

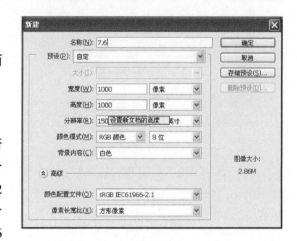

图 7-77

2．打开素材"狐狸 .jpg"，把素材复制到新建文档中作为背景，如图 7-78 所示。

图 7-78

3．打开素材"狼 .jpg"，把素材导入，并剪切和摆放好位置，如图 7-79 所示。

图　7-79

4．为了把狼的脸和狐狸融合，给图层添加蒙版。再用 20% 透明度的黑色毛边画笔仔细涂抹，如图 7-80 所示。

图　7-80

5．按 Ctrl+Shift+Alt+E 组合键盖印所有可见图层，并新建一个图层填充白色移到下面，如图 7-81 所示。

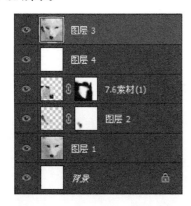

图　7-81

6．按住 Shift 键用椭圆选区工具画一个圆，再在圆中心画一个圆减去，然后填充白色，如图 7-82 所示。

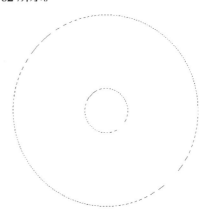

图　7-82

7．按 Ctrl+J 组合键复制新图层，为第二个圆，按 Ctrl+Alt+T 组合键缩小一点，再按 Ctrl+I 组合键反相为黑色。同样的原理，再造一个白色缩小的圆。再在原先那个圆添加图层样式"投影"，如图 7-83 和图 7-84 所示。

图　7-83

图　7-84

8．把先前的盖印图层移动到最顶层，然后右击"建立剪切蒙版"，如图 7-85 和图 7-86 所示。

图 7-85

图 7-86

9. 按住 Shift 键用椭圆选区工具在圆中间画一个圆，再在圆中心画一个圆减去，然后填充黑色，再调整透明度，如图 7-87 所示。

图 7-87

10. 给 CD 加上自己喜欢的文字和排版，完成效果如图 7-76 所示。

相关知识与技能

1. 蒙版工具是在不损坏原图的情况下，把不要的图隐藏。

2. 巧用选区工具画出各种形状。

3. 剪切蒙版。

拓展与提高

平面设计是将不同的基本图形按照一定的规则在平面上组合成图案的。主要在二度空间范围内以轮廓线划分图与地之间的界限，描绘形象。而平面设计所表现的立体空间感，并非实在的三度空间，仅仅是图形对人的视觉引导作用形成的幻觉空间。

思考与练习

设计一张摇滚风格 CD 封面。

7.6 【综合案例 6】影楼照片处理

任务描述

本任务中要把一个女人的图片经过图像处理变得更美丽动人。

任务分析

在了解了本任务的目标以后，分析出会用到调色、磨皮等实用的技巧，根据自己的审美把画面调整到最佳，如图 7-88 所示。

（a）处理前

（b）处理后

图　7-88

方法与步骤

1．启动 Photoshop CS6，执行"文件"→"新建"命令，新建一个大小为 780*580 像素的图像文件，分辨率为 72 像素 / 英寸，颜色模式为 RGB，背景为白色，如图 7-89 所示。

图　7-89

2．打开素材"影楼照片 .jpg"，把素材复制到新建文件中作为背景，如图 7-88（a）所示。

3．按 Ctrl+J 组合键把照片复制一层。再执行"滤镜"→"模糊"→"表面模糊"命令，并在弹出的对话框设置数值，如图 7-90 所示。

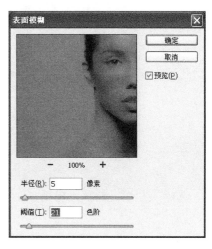

图　7-90

4．给人物磨皮。按 Alt 键单击蒙版，再用白色画笔把人物皮肤的斑点涂掉，并把皮肤涂光滑，如图 7-91 和图 7-92 所示。

图　7-91

图　7-92

161

5. 选择"色阶"，给照片调色，数值设置如图 7-93 和图 7-94 所示。

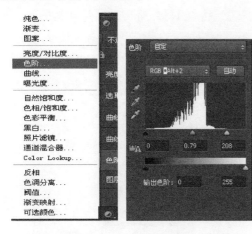

图 7-93　　　　图 7-94

6. 选择"曲线"，给照片提亮，数值设置如图 7-95 所示。

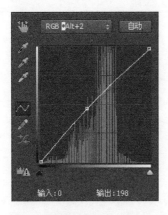

图 7-95

7. 选择"可选颜色"，给照片颜色细调。数值设置如图 7-96 所示。

图 7-96

图 7-96（续）

8. 选择"亮度 / 对比度"数值设置如图 7-97 所示。

图 7-97

9. 最后，观察照片整体。如果不够亮，再给图片加"曲线"提亮，如图 7-98 所示。

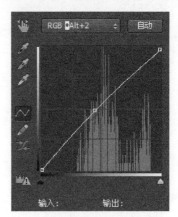

图 7-98

10. 完成，效果如图 7-88（b）所示。

相关知识与技能

在运用"色相 / 饱和度"命令对图像进行变色的时候，如果该图像是黑白图将不能变色。

为此，必须勾选"着色"选项对图像进行着色后，图像才能变色。

7.7 【综合案例 7】电子相册的制作

任务描述

本任务要制作一个电子相册，电子相册越来越受到人们的追捧，因为它随时随地可以携带，是一种新时代的产物，当然人们对他的美感要求也越来越高。

任务分析

在了解了本任务的目标以后，来分析下，图 7-99 整个版式是给人比较清凉的感觉，采用蓝色和绿色的主调。

图　7-99

方法与步骤

1. 启动 Photoshop CS6，执行"文件"→"新建"命令，新建一个大小为 1352*1071 像素的图像文件，分辨率为 300 像素 / 英寸，颜色模式为 RGB，背景为白色，如图 7-100 所示。

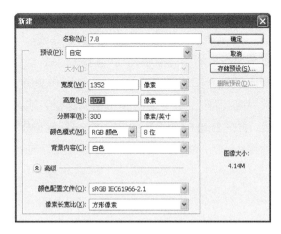

图　7-100

2. 在背景图层填充颜色 eef9f1，如图 7-101 所示。

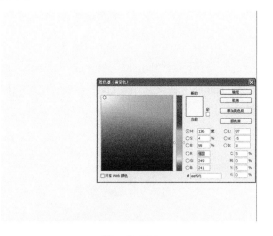

图　7-101

3. 用矩形选区画 4 个矩形，分别填充颜色，如图 7-102 所示。

图　7-102

4．添加文字，用文字工具输入"Home"，在图层面板右击"栅格化"。再按 Ctrl+T 组合键旋转到合适角度，确定时按 Enter 键确定。回到图层面板，按住 Ctrl 键单击图层变为选区后，再按 Shift+T 组合键，然后按 Enter 键确定，再按 Ctrl+Alt+T 组合键。效果如图 7-103 所示。

图　7-103

5．打开素材"home1""home2""home3""home4""home5"。调整大小，设置好位置，如图 7-104 所示。

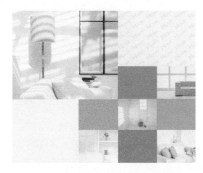

图　7-104

6．按快捷键 M 选择矩形选区工具，在素材下画一条矩形，并填充颜色"58b000"。效果

如图 7-105 所示。

图　7-105

7．用文字工具输入"Home"，如图 7-106 所示。

图　7-106

8．在文字图层双击，执行"图层样式"→"斜面浮雕"命令，高光模式设为"正常"，不透明度为 75，阴影模式设为"正常"，不透明度为 75，如图 7-107 所示。

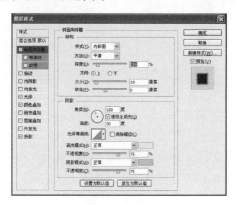

图　7-107

9．执行"图层样式"→"光泽"命令。设置如图 7-108 所示。

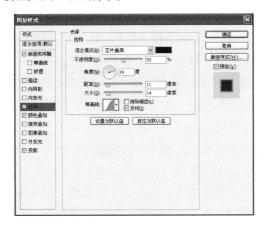

图　7-108

10．执行"图层样式"→"颜色叠加"命令。设置如图 7-109 所示。

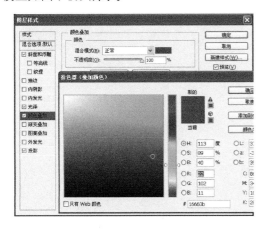

图　7-109

11．执行"图层样式"→"投影"命令。设置如图 7-110 所示。

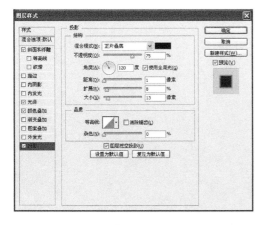

图　7-110

12．单击"文字工具"，输入文字"2012"，如图 7-111 所示。

图　7-111

13．给文字添加图层样式，执行"图层样式"→"渐变叠加"命令，颜色分别为"14a0a6""14a0a6""014447""014447"，如图 7-112 所示。

图　7-112

14．执行"图层样式"→"外发光"命令。设置如图 7-113 所示。

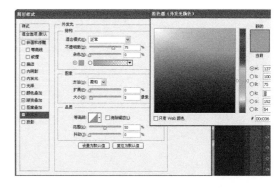

图　7-113

15．完成，效果如图 7-99 所示。

相关知识与技能

1.内阴影面是在紧靠图层内容边缘的内侧

添加阴影，使图层具有凹陷效果。

2. 斜面和浮雕样式是对图层添加高光与阴影的各种组合，该样式包括内斜面、外斜面、浮雕效果、枕形浮雕和描边浮雕。虽然每项中包含的设置选项基本相似，但得到的效果却大相径庭。

拓展与提高

探讨形式美的法则，是所有设计学科共通的课题，那么，它的意义何在呢？在日常生活中，美是每一个人追求的精神享受。当你接触任何一件有存在价值的事物时，它必定具备合乎逻辑的内容和形式。在现实生活中，由于人们所处经济地位、文化素质、思想习俗、生活理想、价值观念等不同而具有不同的审美观念。然而单从形式条件来评价某一事物或某一视觉形象时，对于美或丑的感觉在大多数人中间存在着一种基本相通的共识。这种共识是从人们长期生产、生活实践中积累的，它的依据就是客观存在的美的形式法则，称为形式美法则。在视觉经验中，高大的杉树、耸立的高楼大厦、巍峨的山峦尖峰等，它们的结构轮廓都是高耸的垂直线，因而垂直线在视觉形式上给人以上升、高大、威严等感受；而水平线则使人联系到地平线、一望无际的平原、风平浪静的大海等，因而产生开阔、徐缓、平静等感受……这些源于生活积累的共识，使我们逐渐发现了形式美的基本法则。在西方自古希腊时代就有一些学者与艺术家提出了美的形式法则的理论，时至今日，形式美法则已经成为现代设计的理论基础知识。在设计构图的实践上，更具有它的重要性

思考与练习

1. 相册的风格有哪几种常见的？

2. 选择童年记忆，旅行印记等主题制作一本属于自己的相册。

项 目 实 训

项目描述

为苹果手机 iPhone 4s 做一张宣传折页。

项目要求

1．突出科技感，整体大气。

2．宣传折页为 3 折页，正反两面都有内容。

项目提示

1．黑色主色调可以给人一种神秘感和现代科技化的感觉。

2．产品和主要字体可以使用外发光等技巧来突出。

3．从介绍苹果公司、产品功能等全面介绍产品。

项目测评表

表 1　等级说明表

等　　级	说　　明
3	能高质、高效地完成此学习目标的全部内容，并能解决遇到的特殊问题
2	能高质、高效地完成此学习目标的全部内容
1	能圆满完成此学习目标的全部内容，不需任何帮助和指导

表 2　评价说明表

评　　价	说　　明
优　秀	达到 3 级水平
良　好	达到 2 级水平
合　格	全部项目都达到 1 级水平
不 合 格	不能达到 1 级水平

表 3　项目实训评价表

评价类型	内容		评价		
	学习目标	评价项目	3	2	1
职业能力	在模仿中领会"艺术来源于生活而又高于生活"的设计理念	能领会效果图的创意点			
		能创作素材			
		能保存素材			
	学会如何有创意地利用普通的素材创意地进行设计表达	能合理处理素材			
	根据需要进行合理的版面图文布局	能考虑整体版面布局			
		能合理编排文字及其大小			
	色调整体协调统一，主题鲜明，能突产品宣传需求	整体色调符合创意需求			
		主题突出产品的卖点			
	项目制作完整，有自己的风格和一定的艺术性、观赏性	内容符合主题			
		内容有新意			
	整体构图、色彩、创意完整	内容具体整体感			
		内容具有自己的风格			
通用能力	交流表达能力	能准确说明设计意图			
	与人合作能力	能具有团队精神			
	设计能力	能具有独特的设计视角			
	色调协调能力	能协调整体色调			
	构图能力	能布局设计完整构图			
	解决问题的能力	能协调解决困难			
	自我提高的能力	能提升自我综合能力			
	革新、创新的能力	能在设计中学会创新思维			
综合评价					